DIE AUFGABE

DER

GESUNDHEITSPFLEGE

IN BEZUG AUF

DIE ATMOSPHÄRISCHE LUFT

VON

Dr. ED. LORENT

IN BREMEN.

LEIPZIG,

VERLAG VON VEIT & COMP.

1873.

DIE AUFGABE

DER

GESUNDHEITSPFLEGE

IN BEZUG AUF

DIE ATMOSPHÄRISCHE LUFT

VON

DR. ED. LORENT
IN BREMEN.

LEIPZIG,
VERLAG VON VEIT & COMP.
1873.

Der Gegenstand, welcher in den folgenden Seiten besprochen wird, war der Inhalt eines Vortrages, der in der Versammlung des Gewerbe- und Industrievereins zu Bremen am 7. Februar dieses Jahres gehalten worden ist.

Das Interesse an dem Thema, in welchem auf locale Verhältnisse Bezug genommen ist, sowie von verschiedenen Seiten geäusserte Anregungen, gaben die Veranlassung, den Vortrag dem Drucke zu übergeben.

Der Verfasser.

Die alten griechischen Philosophen haben bei ihren Speculationen über den Ursprung der Natur und des Lebens bekanntlich vier Elemente als die Grundstoffe aller Dinge angenommen. Feuer, Wasser, Luft und Erde wurden nach jener Vorstellung als die ursächlichen Bedingungen für die Erzeugung und die Veränderung der Welt angesehen. Auch unser alter Hippokrates hat in den Eigenschaften der Elemente die Ursachen der körperlichen Erscheinungen gesucht und als gleichbedeutend mit dem Feuer die dem Körper einwohnende Wärme als Lebensprincip angenommen. Die älteste Naturbeobachtung sah die vier Elemente als die Repräsentanten der verschiedenen Aggregatzustände der Körperform an; das Feuer sollte die ätherischen Stoffe repräsentiren, die Luft die elastisch flüssigen Stoffe, das Wasser die tropfbar flüssigen Stoffe und die Erde die starren Körper. Die Elemente waren die letzten Bestandtheile der Materie, aber in ahnungsvollem Geiste suchte die Naturforschung der Alten in ihnen auch die Quelle des Gedeihens der organischen Wesen. Die neuere Naturforschung kennt andere Elemente als einfache unzerlegbare Grundstoffe alles Materiellen der Himmelskörper; aber ungeachtet Physik und Chemie uns belehrt haben über die Eigenschaften jener vier Elemente der Alten, ungeachtet dieselben als letzte Bestandtheile, als Grundstoffe nicht mehr aufgefasst werden können, so sehen wir doch die organische Natur in ihrem Gedeihen gebunden an diese Elemente, an die Wärme, an das Wasser, an die Luft und an die Erde. Auch der Mensch, mit seinem leiblichen Wohl und Wehe, hängt ab von der Wärme, die er empfindet, von dem Wasser, was er trinkt, von der Luft, die er athmet und von dem Boden, auf welchem und von dessen Erzeugnissen er lebt. In diesen Elementen liegen nicht bloss die Bedingungen der gedeihlichen Entwicklung des ganzen animalischen und vegetabilischen Lebens, sondern auch die schädlichen Ursachen, welche den Lebensprocess, die Gesundheit von Menschen, Thier und Pflanze stören können. Die Neuzeit hat die Bedeutung, welche die Wärme, das Wasser, der Erdboden und die Luft zunächst für das menschliche Wohlbefinden haben, zu einem besonderen Studium gemacht und es sei mir erlaubt, von einem der wichtigsten Elemente unsers Lebens, von der Luft, die wir athmen, die Quellen unsers Wohlbefindens und der Schädlichkeiten Ihnen nachzuweisen.

Ungeachtet ihrer mangelhaften Kenntniss erkannten die Alten sehr wohl die wichtige Rolle, welche die atmosphärische Luft in der Natur spielt; es war ihnen nicht unbekannt, dass der Mensch ohne Luft keinen Augenblick leben könne. Unsere Kenntnisse sind allerdings genauer. Wir wissen, dass die Lufthülle, welche die Erde umgiebt, etwa 10—25 Meilen hoch ist und dass die Luft auf jeden Quadratzoll mit einem Gewicht von 15 Pfd. drückt. Wir wissen, dass die Luft kein einfacher Stoff ist, sondern im Wesentlichen aus 79,15 Stickstoff und 20,81 Sauerstoff besteht, dass sie aber ausserdem wenigstens 0,01 % Kohlensäure und Wasserdampf in schwankenden Verhältnissen enthält. Von diesen vier Bestandtheilen der atmosphärischen Luft ist der Sauerstoff in dem Verhältnisse, in welchem derselbe in der Luft enthalten ist, für das Leben der Menschen und Thiere unentbehrlich. Aus keiner anderen Quelle als aus der Luft ist der Sauerstoff zu entnehmen, von dessen ununterbrochener Einwirkung auf einem Theil der Bestandtheile des thierischen Organismus die Lebenserscheinungen desselben abhängig sind. Die Aufnahme des Sauerstoffs erfolgt auf der Lungenoberfläche; auf der Oberfläche der Haut und des Verdauungskanales. Während hier ein unmerklicher Einfluss stattfindet, nehmen die Lungen in reichlichem Maasse als eine nothwendige Nahrung den Sauerstoff in sich auf. Der Stickstoff bildet nur eine unschädliche Verdünnung des Sauerstoffs und mässigt dessen Wirkung auf den thierischen Organismus. Die Kohlensäure ist dagegen für Menschen und Thiere ein giftiges Gas. Aus diesem Grunde ist die Beimischung derselben in der atmosphärischen Luft so gering. Das thierische Leben verändert jedoch durch den bei der Athmung in den Lungen vor sich gehenden Gasaustausch die Zusammensetzung der Luft. Während der Stickstoffgehalt derselben keine Veränderungen erleidet, steigt die Kohlensäure und nimmt der Sauerstoff der Luft ab, um mehr als 4 % der Gesammtmenge. Ebenso wirkt das pflanzliche Leben auf die Luftbestandtheile ein. Die Kohlensäure, welche das thierische Leben schädigt, fördert das Leben der Pflanze, und was der thierische Organismus ausscheidet, das Plus der Kohlensäure, wird von der Pflanze eingeathmet. Der Wasserdampf endlich ist für thierisches und pflanzliches Leben eine nothwendige Beimischung der Atmosphäre, dessen Menge von der Höhe der Temperatur abhängig ist und im Laufe des Tages und Jahres wechselt.

Ausser den vier constanten und wesentlichen Bestandtheilen der Atmosphäre enthält die atmosphärische Luft noch mehrere Stoffe in geringer unbestimmbarer Menge, nämlich das Ozon, Ammoniak und Salpetrige- und Salpetersäure. Das Ozon ist eine Form des Sauerstoffes, welcher durch die Wirkung der Sonnenstrahlen oder der Electricität in eine höhere chemische Thätigkeit versetzt ist und sich als Ozon manifestirt. Im Winter, auf Berghöhen, nach einem Sturm ist dieser Stoff in der Luft reichlicher vorhanden. Die Beobachter schreiben den Mengenverhältnissen des Ozon in der Atmosphäre einen Einfluss auf den Gesundheitszustand zu, allein die Angaben in dieser Beziehung sind noch hypothetisch. In noch geringerer Menge findet sich der Ammoniak und die Salpetersäure in der Atmosphäre. Beide Stoffe bilden sich in der Atmosphäre durch Einfluss der Electricität und sind Verbindungen ersteres von Stickstoff und Wasserstoff, letzteres von Stickstoff und Sauerstoff. Für das Pflanzenleben sind beide Stoffe von hervorragender Bedeutung.

So wie die Natur die atmosphärische Luft bietet gewährt dieselbe die günstigsten Bedingungen für den Lebensprocess der Menschen und der Thiere. Dem Menschen steht kein Einfluss zu Gebote, die Zusammensetzung der Luft aus diesen mehr oder weniger constanten Bestandtheilen zu modificiren. Dagegen können die verschiedenartigsten Einflüsse stattfinden, welche der Luft zufällige Beimengungen zuführen. Dadurch wird bedingt, dass die Salubrität der Luft nicht überall gleich gut erscheint. Diese, die Salubrität, die Güte der Luft besteht in der natürlichen Reinheit derselben, die für die Gesunderhaltung des Menschen ein unabweisliches Bedürfniss ist. Die zufälligen Beimengungen, welche die Reinheit der Luft beeinträchtigen, entstammen theils dem Grunde der Erde und den organischen Vorgängen in und auf derselben, theils sind sie Folgen des Verkehrs und des Lebens der Menschen und der Thiere in geschlossenen Räumen. Diese Beimengungen erscheinen als Verunreinigungen der Luft nicht nur in gasförmigem Zustande, sondern auch als materielle Stoffe, welche sich als winzig kleine Partikelchen oder staubförmig in die Luft erheben. Als gasförmige Beimengungen, welche von Zersetzungsprocessen organischer Substanzen und von dem organischen Leben auf der Erdoberfläche herrühren, sowie von Vorgängen in der unorganischen Natur, sind zu erwähnen die flüchtigen Kohlenwasserstoffe, Kohlensäure, Kohlenoxydgas, schweflige Säuren, Schwefelwasserstoff, Salzsäure und andere; die materiellen Elemente der Luft sind theils organischer Natur, theils unorganischer Natur.

So wenig der Mensch auf die constante Zusammensetzung der atmosphärischen Luft einwirken kann, so steht er den zufälligen Beimengungen der Luft doch nicht ganz machtlos gegenüber. Der neueren Zeit verdanken wir die nähere Kenntniss der Nachtheile der verunreinigten Luft und die Einsicht, dass dieselben vielfach verhütet und unschädlich gemacht werden können. Diese Beziehungen der in Betracht kommenden Verhältnisse sind Object der öffentlichen und privaten Gesundheitspflege in Bezug auf die atmosphärische Luft. Die Gesundheitspflege stellt sich hier die Aufgabe, alle Verhältnisse der atmosphärischen Luft, welche auf den Gesundheitszustand und das Wohlbefinden der Menschen nachtheilig influiren können, zu ergründen und möglichst zu bessern.

1. Verunreinigungen der Luft durch den Erdboden und durch die organischen Vorgänge in und auf demselben.

Die den Erdkörper umgebende Luft durchdringt alle ihr zugänglichen Räume des Erdbodens. Im gewöhnlichen Leben sind wir gewöhnt, die Erde als einen festen, die Luft abschliessenden Körper zu betrachten. Dem ist aber nicht so, die Erdoberfläche ist porös und nimmt bis zur Sättigung Wasser oder Luft auf. So gut wie das Wasser in den Boden eindringt und sich nach den hydrostatischen Gesetzen in demselben bewegt, ebenso dringt auch die Luft in den Boden und folgt den Gesetzen der Luftbewegung. Die Luft in dem Boden steht mit der Luft über der Erdoberfläche in beständigem Wechselverkehr und Zusammenhang. Bis in die neuere Zeit ist die Luft innerhalb des Erdbodens unbeachtet geblieben, weil dieselbe von unseren Sinnen objectiv nicht wahrzunehmen ist. Dennoch geht im Boden ein beständiger Luftwechsel vor sich. Die Luft dringt so weit, als das Wasser die Luft nicht abschliesst. Diesen Abschluss bedingt das Grundwasser. Die Erdschicht, wo in der Tiefe des Untergrundes der poröse Boden mit Wasser vollständig gesättigt ist, nennt man Grundwasser. So lange die Poren des Erdbodens nur theilweise gefüllt sind mit Wasser, enthalten sie auch Luft. Im Sand- und Geröllboden ist der Luftwechsel grösser als im Lehmboden. Hervé-Mangan hat berechnet, dass Ackerland 2—10 Volumen Gase condensiren kann. Pettenkofer hat uns gelehrt, dass die Grundluft und der Wechsel derselben im Verkehr mit der äussern Luft die Gesundheit der Menschen beeinflussen kann. Wenn das Grundwasser fällt, tritt die Grundluft in tiefere Erdschichten, in welchen zu Zersetzung geneigte organische Stoffe sich vorfinden. Die Zersetzung derartiger organischer Stoffe wird durch den Sauerstoff der Grundluft angeregt, sie wird gefördert durch das Leben niederer Organismen, die überall in den Tiefen des Meeres, wie in dem porösen Boden ihre Thätigkeit entfalten. Die Grundluft steht mit dem Grunde, auf welchen wir wohnen, im fortwährenden Verkehr. Die Temperaturverschiedenheiten der Luft im Erdboden von denjenigen Luftschichten, die über der Erdoberfläche sich befinden, geben Anlass zur Bewegung und zum Austausch, die gasigen Zersetzungsproducte gehen bei dem Luftwechsel eine Diffusion mit der freien Atmosphäre ein und kommen in Ausdünstungen, von welchen unsere Sinne nichts merken, zu Tage. Pettenkofer hat gezeigt, dass die Ausdünstungen faulender Stoffe einen losen Boden eine Strecke weit durchdringen können. Seine Erfahrungen bestätigen, dass z. B. das Leuchtgas gesprungener Gasleitungen im Grunde aus einer Entfernung von 20 Fuss im Winter durch die Temperaturerhöhung der Luft geheizter Zimmer angelockt, so intensiv in die bewohnten Räume dringen kann, dass Vergiftungen davon die Folge gewesen sind. Die Unreinlichkeit der Nachbarn, undichte Düngergruben, die Versickerungsgruben, die Vergrabung animalischer Reste etc. können nicht allein das Wasser unserer Brunnen verderben, sondern auch die Luft in dem Grunde unserer Wohnungen in ein gefährliches Krankheitsgift umwandeln, dem, bei der Verbreitung in der äusseren Luft, Niemand sich entziehen kann.*)

*) Die Wege, welche die Luft des Grundes den aërostatischen Gesetzen zufolge aufsucht, erscheinen manchmal wunderbar und auffallend. Unlängst ist zu unserer Kenntniss ein instructives Beispiel von Luftverunreinigung gekommen, deren Ursache der Deutung länger sich entzog. In ein Zimmer der Beletage eines eleganten Hauses drangen an einzelnen Tagen Abends plötzlich mephitische Dünste von grosser Intensität ein. Die nähere Nachforschung führte als Ursache dieser Luftverunreinigung auf die Grube für Abfallwasser des Nachbarn. Die beiden Häuser liegen dicht an einander gebaut und die Hausmauer des fraglichen Hauses hat eine aussen nicht verputzte Mauer von nur eines Steines Dicke. Die ausgemauerte, mannestiefe, mit einem Stein und Erde bedeckte Grube des Nachbarn für Abfallwasser liegt dicht vor den beiden Hausmauern und hat durch einen Kanal von wenigem Gefälle einen Abfluss in den Kanal der ziemlich fernen Hinterstrasse. Weder die Grube noch der Abfluss hat irgend eine Communication mit der äussern Luft. Wenn nun die Grube ziemlich gefüllt und in dem Abflusskanal die Luftcirculation nach dem Strassenkanal zu gehemmt ist und dann plötzlich grössere Flüssigkeitsmengen der Grube zugeführt werden, so muss die mit Fäulnissgasen

Die Untersuchungen der Grundluft von Pettenkofer und Fleck in Dresden haben ergeben, dass der Kohlensäuregehalt derselben überaus gross ist, nach den Monaten wechselt und bei einer Tiefe von $1^1/_2$ Meter geringer sich zeigt als 4 Meter tief. In München war der Kohlensäuregehalt der Grundluft 1871 im August 16 per Mille das Maximum, und im Januar 3 per Mille das Minimum; in Dresden war die Kohlensäuremenge schon im Winter noch mal so gross als in München im August. Die gesundheitlichen Einflüsse einzelner Localitäten zu erforschen, wird neuerdings die Analyse der Grundluft verwerthet. Die Werkstätte der Kohlensäure-Entwicklung sind wahrscheinlich organische Processe in der Erde. Die Schlussfolgerungen dieser Thatsachen sind noch nicht zu ziehen. Dennoch stehen wir nicht an, schon jetzt in dem Einflusse der Ausdünstungen der Grundluft Gesundheitsschädlichkeiten zu sehen, deren volle Tragweite die Zukunft noch lehren wird. Beobachtungen haben ergeben zunächst in München, dass Epidemien von Typhus, von Cholera mit den Schwankungen des Grundwassers zusammenfallen. Die Frequenz und die Mortalität des Typhus stieg mit dem Sinken des Grundwassers und mit dem tiefsten Stande desselben fielen die grössten Epidemien zusammen. Diese Beobachtungen sind neuerdings auch bei uns bestätigt. Ob hier mit den Ausdünstungen der Grundluft organische Krankheitskeime als Krankheitsursache mitwirken, ist weiterer Forschung vorbehalten. Die Beobachtung Liebermeisters in Basel, dass vermittelt durch den Einfluss der Latrine auf das Trinkwasser die Dejectionen eines Typhuskranken eine epidemische Verbreitung des Typhus veranlassten, deuten auf einen specifischen Krankheitskeim hin. Andererseits haben auch Beobachtungen ergeben, dass Fäulnissgase Uebelkeit, Erbrechen, allgemeine Mattigkeit, Beklemmung und Kopfweh hervorrufen, dass Luft von Kloaken und verstopften Kanälen Erbrechen und Diarrhoen veranlasst, mangelhafte Einrichtung von Latrinen Typhus erzeugt und Rosenartige Erkrankungen (Erysipelas) bedingt haben; man hat

geschwängerte Luft derselben entweichen, um dem zugeführten Zufluss Platz zu machen. Da eine directe Verbindung mit der freien Luft fehlt, so scheint die übelriechende Cloakenluft nur einen Ausweg zwischen den nicht genau verbundenen beiden Hausmauern finden zu können und von hier aus, vielleicht gelockt durch die Heizung, auf einem unsichtbaren Wege durch die schlecht verputzte Mauer und längs der Balkenlage in das Zimmer zu dringen und die Luft zu verpesten.

Massenerkrankungen durch derartige Einflüsse beobachtet, aber es fehlen noch thatsächliche Nachweise, ob hier blos die chemische Wirkung der Gase so verderblich influirt hat, oder ob die Emanationen auch die Träger eines specifischen Krankheitsgiftes sind. — Die öffentliche Gesundheitspflege hat in Bezug dieser aus dem Erdboden stammenden Emanationen die Aufgabe, für die grösste Reinhaltung des Bodens zu sorgen, um im Boden die organischen Processe zu vermindern, die eine wesentlichste Quelle der Verderbniss der Grundluft sind. Freier Luftzutritt und Lüftung bewirken hierin eine rasche Diffussion in der Atmosphäre und verhüten das Stagniren der Ausdünstungen.

Eine gleiche Quelle gesundheitsschädlicher Beimengungen der Atmosphäre liegen in organischen Zersetzungsprocessen auf der Oberfläche der Erde, welche in gasigen Producten sich in die Luft erheben. Die chemische Natur dieser gasförmigen, häufig mit einem widrigen Riechstoffe verbundenen Zersetzungsproducte ist noch nicht vollständig erforscht, die Erfahrung hat aber ihre Nachtheile für die menschliche Gesundheit ergeben. In den Tropen finden wir enge eingeschlossene Thäler, in welchen die Luft stagnirt und die Vegetation in beständiger Zersetzung und Fäulniss sich befindet, sehr ungesund durch die Ausdünstungen. Bestimmte Gase, wie Kohlensäure, Kohlenwasserstoff, Schwefelwasserstoff, Phosphorwasserstoff und erhebliche Mengen organischer Substanz haben sich nachweisen lassen. Gleiche Verhältnisse bieten die Sumpfgegenden. Die sogenannte Malaria besteht aus einer zusammengesetzten Luft, die unter Einfluss erhöhter Temperatur aus der Eintrocknung feuchter, in Zersetzung begriffener organischer Substanzen (Vegetabilien) sich entwickelt. So lange die zum Zerfall geneigten organischen Stoffe sich unter Wasser befinden (es ist dasselbe Gesetz wie beim Grundwasser), ist die Zersetzung gehemmt und eine Entwicklung schädlicher Effluvien findet nicht statt. Nimmt unter Einwirkung der Trockenheit und höherer Temperatur die Feuchtigkeit ab, so entwickeln sich aus den organischen Stoffen unter Einfluss des Sauerstoffes der Luft flüchtige Ausdünstungen, die, wenn nicht durch rasche Diffusionen und Winde fortgeführt, die Ursache specifischer Krankheiten werden.

Becchi fand in der Luft der Toscanischen Maremmen im Sommer Kohlensäure und Ammoniak in reichlicher, Wasserstoff in merkbarer Menge vertreten und den Wasserdampf sehr bedeutend, sowie pro Cubikmeter $^{27}/_{100}$ Milligramm organische Substanz. — Salisbury hat in den mit den Ausdünstungen sich erhebenden organischen Stoffen die materielle Natur der Malaria zu entdecken geglaubt und hat in belebten Zellen von microscopischer Grösse von dem Habitus der Algen, der Palmela, den Krankheitskeim finden wollen, allein die Beobachtungen sind noch hypothetisch und nicht sicher, wenn auch nicht unwahrscheinlich.

Dass die Malaria durch Luftströmungen fortgeführt werden kann, dass dieselbe eine gewisse Höhe nicht überschreitet, darüber liegen Erfahrungen vor. Parkes berechnet die schützende Höhe gegen den Einfluss der Malaria auf 1000—1200 Fuss. Gasige Effluvien werden schwerlich dem Einflusse einer Diffusion widerstehen, so scheint mithin dies für die Annahme einer palpablen Natur der Malaria zu sprechen. Der gesundheitsschädliche Einfluss der Malaria macht sich im Grossen und Ganzen durch Herabsetzung der physischen Kraft und durch Verkürzung der Lebensdauer geltend. Fossangrieves giebt die mittlere Lebensdauer der Bewohner der Sumpfgegenden des Loirethales auf 23 Jahre an, gegenüber der durchschnittlichen Lebensdauer in Frankreich von 35,75 Jahren und bemerkt, dass die Zahl der Untauglichen zum Militärdienst dort sehr gross ist, sowie die Zahl der Todesfälle bis zum 10. Lebensjahre. Aehnliches wird aus anderen Malariagegenden berichtet.

Gegen das, was die Natur im grossen Maassstabe geschaffen hat, gegen die Malaria-Einflüsse der Bodenverhältnisse ganzer Länderstrecken, der weiten Niederungen immenser Flüsse u. s. w. kämpft die Civilisation vielfach vergeblich; wir finden aber der Malaria gleiche Einflüsse auch localisirt in kleinen Bezirken unserer Städte in dichtgedrängten eng umschlossenen Baulichkeiten. Schlechte Canäle, Schwindgruben, Versickerungstonnen für Abfallwasser, Leitungen mit Servituten für Abfallwasser und Tagwasser auf fremdem Eigenthum, die vielfach für andere Effluvien missbraucht werden, geben Veranlassung zur Malaria. Der Mörtel der Mauern auf feuchtem Grunde kann nach Untersuchungen von Möller in Königsberg je nach der Höhe über den Erdboden bis zu 9% hygroscopisches Wasser enthalten, aber schon 1% macht die Wohnung ungesund, durch der Malaria ähnliche Einflüsse. Hier sind die Einflüsse begründet in mangelhafter Entwässerung des Bodens, in Folge von stauendem Wasser, von aufsteigender Filtration, in undurchlässigen Schichten des Untergrundes, in feuchten Neubauten. Gute Canalisation, Drainage, Senken von Brunnen, Austrocknen der Häuser, können die krankmachenden Einflüsse beseitigen.

Auf gleicher Stufe mit den dem Erdboden entstammenden, der Gesundheit schädlichen Beimengungen der atmosphärischen Luft stehen die Verunreinigungen, welche die Industriebetriebe der Luft zuführen. Diese Verunreinigungen sind grosse Unannehmlichkeiten des gesellschaftlichen Lebens; in der Regel mit üblen Gerüchen verbunden, beleidigen sie den Geruchsinn und verderben die für die Athmung so wichtige Reinheit der Luft. Sie werden desshalb für die Nachbarschaft nicht bloss lästig, sondern indem sie auf das Nervensystem direct und durch die Lungen auf die Blutmischung mittelbar wirken, können sie Gesundheitsstörungen hervorrufen. Wenn gleich bei rascher Diffusion durch Einfluss der Winde die Einwirkung derartig verunreinigter Luft häufig nur vorübergehend ist und eine bestimmte Gesundheitsstörung durch exacte Nachweise nur selten in dafür günstigen Fällen sich constatiren lässt, so kann die gewöhnlich eingewandte Annahme der Unschädlichkeit der Gerüche und Dünste doch nur auf eine relative Gewöhnung an Schädlichkeiten zurückgeführt werden. Reizbare Individuen fühlen gar häufig Störungen des Wohlbefindens, die meistens nur subjectiv, selten auch objectiv wahrnehmbar sind. In jeder älteren Stadt, wo die Menschen dicht gedrängt zusammenwohnen, sind derartige Belästigungen durch Industriebetriebe nicht selten; sie beruhen häufig auf einer nachlässigen Leitung einer herkömmlichen Betriebsweise oder auf Gebräuchen und Gewohnheiten und stammen aus der Zeit, wo die Luft und der Boden noch nicht als ein Gemeingut Aller anerkannt war, und wo Jeder im städtischen Particularismus auf seinem Eigenthum schalten konnte wie er wollte. Faulige und sonstige widrige Gerüche geben zu begründeten Klagen wiederholt Anlass und rufen tagtäglich die Aufmerksamkeit und die Intervention der Behörde an. Die mit den Betrieben verbundenen Ausdünstungen, welche für die Nachbarschaft lästig und schädlich werden können, sind theils Producte der fauligen Zersetzung thierischer Substanzen und organische Gase, theils anorganische Gase und Staubelemente. Zu den Gewerbebetrieben, die in dieser Beziehung einen unangenehmen Ruf sich erworben haben und deren mehrere auch bei uns zu Untersuchungen Anlass gegeben haben, sind zunächst zu rechnen alle Geschäftsbetriebe, welche die Residuen thierischer

Substanzen zum Gegenstande haben. Als solche nennen wir die Verarbeitungsstätten thierischer Abfälle, wie in der Abdeckerei, die jetzt bei uns mitten in einem bewohnten Stadttheile liegt, in den Gerbereien und Pferdeschlächtereien eine derartige Industrie als Nebengeschäft betrieben wird; die Magazine und Lager von Knochen, die Magazine von gesalzenen Thierhäuten, die Guanolager, Poudrettfabriken, die Düngermagazine u. s. w. In letzter Beziehung gehören alle die Geschäfte hierher, welche wie Branntweinbrenner und Brauer zum Mästen Rindvieh und Schweine halten; und vor allen ist das Halten von Ziegen und Schweinen in kleinen Haushaltungen zu verpönen. Die Anhäufungen von Dünger in enggebauten Stadttheilen, in kleinen Höfen und Strassen, wo derselbe vielfach fabricirt, bis zur Verwerthung magazinirt wird und bei warmer Zeit in Gährung übergeht, können für die Nachbarschaft sehr lästig werden. Schlachtereien, wenn die Betriebe nicht in äusserster Ordnung und Reinlichkeit gehalten werden, stehen auf gleicher Stufe. Die leicht mögliche Versickerung der Abfallwasser, deren Beseitigung nicht selten mangelhaften Canalleitungen zufällt, kann dem Boden gefährlich werden, denn die organischen Gase thierischer Reste sind selbst in Schlachtereien von gut gehaltenem Betriebe, zumal in warmer Zeit der Nachbarschaft sehr lästig. Man behauptet gemeiniglich, dass die Einflüsse dieser Gewerbe den Menschen nicht nachtheilig sein, aber dennoch hat Snow in London auf Grund einer 6943 Individuen und eine 18monatliche Beobachtungszeit umfassende Statistik den Nachweis geliefert, dass die mittlere Lebensdauer der den Industrien mit Verarbeitung von Thierresten angehörigen Arbeitern erheblich grösser ist, als die der übrigen gleichaltrigen Männer London's. Die regulatorischen Functionen des menschlichen Organismus überwinden im gesunden Zustande leichter die Einflüsse septischer Substanzen, allein werden Infectionskrankheiten, Typhus, Diphteritis, Ruhr u. s. w. in Localitäten eingeschleppt, in welchen organische Gase fauliger Zersetzungsprocesse sich geltend machen, so wird hier unfehlbar die Tödtlichkeit dieser Krankheiten in auffallendem Grade sich zeigen als da wo den Kranken eine reine Luft geboten werden kann. An diese Industrien reihen sich an: die Fabrikationen, welche thierische Stoffe, Fette und Oele bei höherer Temperatur verarbeiten, wie die Leim- und Seifensiedereien, die Lack- und Firnissfabriken, die Talgschmelzereien und Lichtzieher. Wo diese Betriebe nicht durch technische Vorrichtungen die mit der Fabrikation verbundenen widerlichen Ausdünstungen verhüten oder beseitigen, wird die Luft in der Umgebung sehr verunreinigt. Die brenzlichen übelriechenden Stoffe, welche bei dem Talgschmelzen in offenen Kesseln sich entwickeln, die flüchtigen Fettsäuren, das sogenannte Acrolein, welches mit durchdringendem Geruche die Luft erfüllt, sind für Augen und Nase sehr lästig und bei längerer Einwirkung für empfindliche Respirationsorgane und reizbare Nervensysteme schädlich.

Die Industrien, welche durch anorganische Gase und Staubelemente lästig und gesundheitsschädlich werden, finden sich vorzugsweise in Städten mit zahlreichen Fabrikanlagen und bedeutendem Steinkohlenverbrauch. Die Gase, welche die Luft bei derartigen Betrieben verunreinigen, sind Kohlensäure, Kohlenoxydgas, schweflige Säure, Schwefelsäure, Salzsäure und Kohlenstaub etc., die bei den Verbrennungsprocessen von der Luft aufgenommen werden. Zu ihnen gesellen sich die Gase, welche bei der Production, gewissermassen als Abfallstoffe, aus dem verwandten Material frei werden, oder gelegentlich aus undichten Fabrikanlagen entweichen. *) Ein Analogon dieser die Luft verunreinigenden Verbrennungsproducte ist der Moorrauch, der nicht nur für das vegetative Leben von grossem Nachtheil sich erwiesen hat, sondern auch für das Wohlbefinden der Menschen individuell störend beobachtet

*) Wie bedeutend diese Beimengungen sein können, ergeben die Luftuntersuchungen in London, wo Smith den Kohlensäuregehalt an einem windigen Tage nur 0,3 ‰, bei Windstille 1,2 ‰ berechnet hat. Ebenderselbe fand in Manchester in 2000 und in 1067 C-F. Luft ein Gran Schwefelsäure.

Die Untersuchungen der Belgischen Commission über den Einfluss der chemischen Fabriken, insbesondere der Sodafabriken haben, abgesehen von den Verbrennungsproducten der Steinkohlen, eine schädliche Einwirkung der bei den Fabrikations-Processen aus den Schornsteinen in die Luft abgeführten Gase, als schweflige Säure und Chlorwasserstoffsäure auf die Vegetation unbestritten dargethan. Diese Einwirkung ist bei den verschiedenen Pflanzen nicht gleich und soll in der Richtung der herrschenden Winde und unter Einfluss von Nebel und Regen am deutlichsten zu merken sein. Der auf den Boden herabgeführte Rauch soll auf den Boden austrocknend wirken. Der Umkreis dieses schädlichen Einflusses schien im Maximum nicht über 2000 Meter, im Minimum auf 600 Meter sich zu erstrecken. (Recueil de travaux du Comité consultatif d'hygiène publique de France, Paris 1872.)

Auch Stöckhardt schreibt dem Schwefelgehalt des Steinkohlenrauches eine Einwirkung auf das Pflanzenwachsthum zu. Die schädliche Wirkung des Steinkohlenrauches geht aber nach ihm nicht über eine Entfernung von 2000 Fuss. Die verschiedenen Sträucher und Bäume besitzen jedoch eine grössere oder geringere Empfindlichkeit dagegen.

worden ist. Das Schutzmittel gegen die aus den Fabrikanlagen hervorgehenden gesundheitlichen Schädlichkeiten hat man neben den verbesserten technischen Einrichtungen, (als Rauchverbrennungsvorrichtungen und Condensations-Apparate,) in hohen Schornsteinen gesucht, um die schädlichen Gase möglichst hoch in die Luft zu leiten, wo in der durch die Luftströmungen bewirkten, raschen Diffusion das Mittel für die Reinigung der Luft gegeben ist; allein gerade dies Heilmittel, die Windströmungen können auch entfernt liegenden Localitäten die verunreinigte Luft so condensirt zuführen, dass hier gesundheitliche Störungen des Wohlbefindens wohl davon die Folge sein können. Die Gewerbeordnung giebt die Mittel an die Hand, zur Sicherung der Gesundseitspflege die Neuanlage derartiger Industrien an bestimmte Bedingungen zu knüpfen. In dieser Weise sind auch bei uns neuerdings die Anlagen einer Ammoniakfabrik, einer Fabrik zur Darstellung von Schwefelsäure, sowie von Leuchtgas besonderen Vorschriften unterworfen, deren genügende Wirksamkeit indess die Erfahrung erst noch zu bewähren hat.

Eben so wichtig und bedeutungsvoll für die Gesundheit sind die Industriebetriebe, bei welchen Mengen von Staubelementen frei werden. Mehr noch als die Umgebung werden die Arbeiter durch diese Industrien gesundheitlich geschädigt. Einige dieser Industrien verbinden den Nachtheil der Verunreinigung der Luft dnrch Gase mit der durch Staubelemente, dahin gehören die Kalkbrennereien. Eine bei uns schon lange bestehende, sehr lästige Industrie ist die Kalkbrennerei aus Muschelkalk. Hier besteht die Verunreinigung der Luft, abgesehen von den Staubelementen in der Verbindung von organischen Gasproducten mit anorganischen Gasen. Durch die Verbrennung der von Fäulniss ergriffenen Thierstoffe, der Residuen des Muschelthieres wird in Verbindung mit Rauch ein übelriechender Dunst von brenzlichen Ammoniakverbindungen erzeugt und durch die niedrigen Schornsteine in die Luft geführt. Wo derselbe, bald nahe bald ferne, durch den Wind fortbewegt, condensirt hintrifft, fühlt Nase, Auge und Lunge eine empfindliche Belästigung. Die projectirte Anlage einer Cementbrennerei ist nach genauen Untersuchungen nur unter im Interesse der Gesundheitspflege auferlegten Bedingungen gestattet worden. Die die Luft verunreinigenden Staubelemente kommen vorzugsweise in geschlossenen Räumen vor. Erst die neueste Zeit hat dem gesundheitsschädlichen Einflusse dieser Staubelemente und den Staubinhalationskrankheiten besondere Aufmerksamkeit geschenkt. Es sei mir erlaubt, in wenigen Worten diess zu erläutern. Bei verschiedenen Industrien werden in grösserer Menge Partikelchen von Kalk, Kieselerde, Thonerde, Kohle, Metall sowie von Fabrikstaub verschiedner Art in der Atmosphäre suspendirt erhalten. Es ist chemisch und microscopisch nachgewiesen worden, (von Villaret, Traube, Virchow, Peacock, Zenker) dass diese in der Luft schwebenden feinen Theilchen durch den Athmungsprocess in das Parenchym der Lunge geführt werden. Hier bleiben dieselben in den Epithelien der Bronchien und der Lungenbläschen haften und geben zu catarrhalischer Bronchienentzündung und zu lobulärer Lungenentzündung Anlass. Vorübergehende Einwirkungen dieser Art sind ohne erheblichen Einfluss auf die Gesundheit, sie erscheinen als ein Reizhusten, der, wenn der Organismus den Reiz überwunden hat, verschwindet. Bei fortgesetzter Athmung grösserer Mengen von Staubelementen entwickeln sich ernste Krankheitszustände. Die Körperchen von Metall, Kohle, Kalkstaub u. s. w. können selbst von dem Lungengewebe aufgenommen und durch die Gewebsflüssigkeiten fortgeführt, in entfernte Theile des Körpers abgelagert werden. Diese Ablagerung in die feinsten Lungenläppchen können lebensgefährliche Zustände hervorrufen, indem die Reizung der unorganischen Staubtheile, als Fremdkörper dauernd in chronischer Weise Schleimhautentzündungen und partielle Lungenentzündung veranlasst. So bewirkt die Einathmung der staubförmig der Luft beigemengten Substanzen auf mechanische Weise eine Reizung, die zu geschwürigen Processen führen kann, mit dem schliesslichen Ausgang in Schwindsucht. Dass eine derartige Ablagerung auch ohne Reizung des Gewebes und ohne deren Folgen nach sich zu ziehen, stattfinden kann, ist gewiss, doch ist das Gegentheil ungewöhnlich häufig. Hirt berechnet das Vorkommen der Schwindsucht unter den Krankheiten der Arbeiter, welche in einer Atmosphäre mit Beimengung von Staubelementen leben, auf 80%. Im gewöhnlichen Leben wird das wenig beachtet, es heisst, man leide an einem Magenhusten, an chronischem Catarrh und versäumt Vorsichtsmaassregeln, die bei einzelnen Betrieben von Nutzen erschienen sind. Tyndall z. B. hat, um die in der Luft schwebenden staubförmigen Elemente aufzufangen, einen Respirator von lockerer Baumwolle empfohlen und sieht darin auch ein Schutzmittel gegen ansteckende Krankheiten.

2. Verunreinigungen der Luft in Folge des Verkehrs und des Lebensprocesses der Menschen und Thiere in geschlossenen Räumen.

Eine andere Reihe von fremdartigen Beimengungen zu den normalen Bestandtheilen der atmosphärischen Luft haben ihre Quelle in dem Lebensprocess der Menschen und der Thiere und in dem Gebrauche der Wohnungen der Menschen. Diese Beimengungen sind ebenfalls sowohl gasförmige als auch materielle Stoffe. In der freien Atmosphäre werden die von dem animalischen Lebensprocess herstammenden Verunreinigungen durch die fortwährende Bewegung der Luft mittelst der Windströmungen und durch atmosphärische Niederschläge rasch entfernt oder durch den Luftaustausch bis zur Unschädlichkeit vertheilt; aber in den geschlossenen Räumen, in den Wohnungen und Aufenthaltsorten der Menschen und Thiere können sie zu einer gesundheitlichen Schädlichkeit werden, welche mit Recht die Gesundheitspflege in hohem Grade beschäftigt. Eine ebenso gesundheitlich bedeutende Quelle von Verunreinigungen der Luft entspringt aus den Heizungs- und Beleuchtungsmethoden bewohnter Räume. Durch diese beiden Quellen wird die Luft bewohnter Räume verändert: 1) qualitativ durch Beimischung von Stoffen, welche Producte sind des animalischen Lebensprocesses, des menschlichen Verkehrs, sowie des Verbrennungsprocesses bei der Heizung und der künstlichen Beleuchtung; 2) quantitativ durch Veränderung der Mischungsverhältnisse der normalen Bestandtheile der Atmosphäre. Die qualitativen und quantitativen Veränderungen der Luft nehmen wir zum Theil schon durch unsere Sinne wahr; der Geruch informirt uns zunächst über die Veränderungen in den gasförmigen Substanzen, über die Anwesenheit organischer und anorganischer Gase und deutet durch die Empfindung bei der Athmung die abnormen Mischungsverhältnisse der Luft an; durch das Gesicht nehmen wir die Anwesenheit materieller Stoffe wahr, wenn sie in grösseren Verhältnissen in staubförmigem Zustande sich zeigen. Unsere Sinne sind in dieser Beziehung getreue Gradmesser der Verunreinigung der Luft, die schon da anzunehmen ist, wo die Luft bei der Athmung anders wirkt, als in der freien Atmosphäre.

Die Verunreinigungen der Luft, welche durch den animalischen Lebensprocess bedingt werden, sind an sich unvermeidlich, ihr schädlicher Einfluss kann aber verhütet werden; die Verunreinigungen dagegen, welche Folge sind des menschlichen Verkehrs, des Hausgebrauchs, der Heizungs- und Beleuchtungsmethoden, lassen sich zum Theil vermeiden. Während hier durch Ordnung und Reinlichkeit in der Lebensweise, in der Führung des Haushaltes, durch achtsame Behandlung zweckmässiger Heiz- und Erleuchtungsmethoden Verunreinigungen der Luft sich verhüten lassen, sind die physiologischen Vorgänge des animalen Organismus an eine Wechselwirkung mit der Atmosphäre unbedingt gebunden, die Lebenserscheinungen sind abhängig von der Einwirkung des Sauerstoffes auf die Bestandtheile des Körpers.

Die Aufnahme des Sauerstoffs aus der Atmosphäre in den thierischen Organismus wird, wie schon angedeutet, vermittelt durch die Lungen in den zarten Wandungen der zahllosen Lungenbläschen, zum geringeren Theile durch die Oberfläche der äussern Haut und der Schleimhaut des Verdauungscanales. Ueberall geht eine Art Athmung, ein Gasaustausch vor sich, eine Absorption des Sauerstoffes durch die Blutflüssigkeit. Durch den Gasaustausch in den Lungen verliert die atmosphärische Luft 4% ihres Sauerstoffs bei der Athmung des Menschen und erhält bei der Ausathmung eben so viele Procente an Kohlensäure. Ausserdem ist die Luft bei der Ausathmung vollständig mit Wasserdunst gesättigt. Diese physiologischen Vorgänge des Organismus sind die Ursachen der Verunreinigung der Atmosphäre durch die Menschen und Thiere. Man berechnet, dass der Erwachsene durch den respiratorischen Gaswechsel in der Minute bei 17 Athemzügen 24 Liter Sauerstoff aufnimmt und 22 Liter Kohlensäure abgiebt. Genauere Untersuchungen haben Pettenkofer und Voit angestellt. Aus diesen hat sich ergeben, dass ein 28jähriger Mann, von

60 Kilogramm Körpergewicht, durch die Gesammtathmung der Lungen und Haut bei gewöhnlicher Kost und bei angestrengter Arbeit bei Tage 294,8, bei Nacht 659,7 Gramm Sauerstoff aufnahm, und bei Tage 884,6, bei Nacht 999,6 Gramm Kohlensäure, sowie 2042 Gramm Wasserdampf ausschied. Bei leichter Muskelthätigkeit war der Gasaustausch und die Wasserausscheidung geringer. Diese Verhältnisse sind nach verschiedenen physiologischen Bedingungen, z. B. nach dem Alter, der Nahrungsaufnahme u. s. w. Schwankungen unterworfen, vor allem aber wirkt die Frequenz der Athmung dahin, dass mit Vermindrung derselben in der ausgeathmeten Luft der Sauerstoffgehalt derselben sinkt und der Kohlensäuregehalt steigt.

An dem Wasserdampf der Exspirationsluft scheinen auch die organischen Gase und die microscopisch-kleinen in der Luft schwebenden abgestossenen Gewebstheile aus dem Innern des Körpers gebunden zu sein. In der Luft von Krankensälen hat man Eiterzellen nachgewiesen (Eiselt, Marston). Lemaire fand in dem aufgefangenen und verdichteten feuchten Dunst der Schlafsäle des St. Denis-Fort Elemente von kugliger, eiförmiger und cylindrischer Form, und nach mehrstündigem Stehen Bacterien, Vibrionen und Monaden. Der Schweiss, welcher Harnstoff, Fette und Eiweiss (Leube) enthält, führt der Luft deren Zersetzungsproducte, Ammoniak und Fettsäuren zu. Der übele Geruch engbewohnter Räume ist gemischter Natur und entstammt vorzugsweise der Lungen- und Hautathmung. Er kann nicht blos gasförmiger, sondern muss materieller Natur sein; er haftet an Wolle, Federn, an der Oberfläche der Wände, deren rauhe und poröse Fläche die feineren Elemente aufnimmt und absorbirt. Diese organischen Verunreinigungen sind für die Gesundheitspflege von grosser Bedeutung. Die kleinen Elemente können mit der eingeathmeten Luft in die Respirationsorgane anderer Personen gelangen oder auf die Hautflächen Anderer aus der Luft sich ablagern; und sind in ihnen Krankheitskeime, die wir Ansteckungsstoffe nennen, verborgen, so sind dies die Materien, welche zur Entstehung örtlicher und specifischer Krankheiten, zu sogenannten Infectionsheerden, Infectionskrankheiten, im gewöhnlichen Leben Ansteckungskrankheiten genannt, die Veranlassung geben.

Die neuere Zeit hat die Beziehung dieser organischen Verunreinigungen der Luft zur Entstehung von Infectionskrankheiten auf den Einfluss von Parasiten zurückzuführen gesucht und glaubt in den kleinen Elementen die Spuren von microscopischen Pilzbildungen und in ihnen die Krankheitskeime gefunden zu haben. Wohl wissen wir, dass Thiere und Culturpflanzen durch Parasiten zu Grunde gehen, auch die Möglichkeit der Erkrankung durch Aufnahme von Krankheitsproducten (Eiterzellen) ist dargethan (die eitrige Bronchitis der französischen Kasernen, die Augenentzündungen der Armeen müssen darauf zurückgeführt werden), so kann per Analogia die mögliche Wirksamkeit in der Luft schwebender Keime nicht in Abrede gestellt werden, allein die Theorie ist noch nicht über die Hypothese erhaben, noch manches harrt einer näheren Aufklärung. Wir kennen z. B. die Wirkung der Luftverderbniss eines engen übervölkerten Raumes. Der Flecktyphus kann hier auch ohne Einschleppung des specifischen Keimes, des Ansteckungsstoffes zur Entwicklung kommen. Zur Erklärung dieser Wirkung der Luftverderbniss von engbewohnten Räumen würde nach obiger Theorie die Annahme gerechtfertigt sein, dass die kleinen Elemente der ausgeathmeten Luft, die Producte des normalen Organismus durch wiederholte Einathmung von anderen Individuen zu einem specifischen Gifte, dem Krankheitskeime sich entwickeln müssen.

Die materiellen Beimengungen der Luft im Innern der Wohnungen sind zum grossen Theil staubförmige Partikelchen, welche theils von Aussen von den materiellen Stoffen der Aussenwelt durch den Luftstrom geführt, in das Innere der Häuser eindringen, theils durch den Verkehr der Menschen und durch den Hausgebrauch, von den Kleidungen und dem Geräth etc. als winzige Theilchen emporwirbelnd, der Luft zugeführt werden. Auch abgestossene Gewebstheile des thierischen und menschlichen Körpers, Epidermis-Schuppen, Epithelialzellen etc. bilden nicht selten Bestandtheile der fremdartigen Beimengungen der Luft bewohnter Räume. Die von Pouchet und Pasteur angestellten microscopischen Luft-Analysen haben Stärkekörner, Fasern von Wolle, Baumwolle, Leinen, Thier- und Pflanzenhaare, Insectenreste, Pollenstaub, Kohlenstaub, Mineraltrümmer etc. in der Luft nachgewiesen. Pouchet hat die Luft in den Knochenhöhlen der Vögel untersucht und in ihnen die fremden Körper des Luftstaubes nachgewiesen, welche mit der Inspirationsluft durch die Athmungsorgane bis in die hohlen Knochen geführt waren. Von den in der Luft schwebenden Staubelementen kann sich Jeder schon überzeugen, wenn ein directer Strahl des Sonnenlichtes in eine relativ dunkele Umgebung fällt. Die schwebenden Staubbestandtheile der Luft werden sichtbar und überzeugen, dass die anscheinend ruhige Luft sich in Bewegung befindet. Der Staubbeimengungen der Gewerbebetriebe ist schon Erwähnung geschehen. Es sei hier nur noch der Beimengungen der atmosphärischen Luft gedacht, welche bei der Fabrikation der Cigarren stattfinden. Tabaksstaub und nicotinhaltige, empyreumatische Dünste erfüllen die Luft der Arbeitszimmer und fallen dem Ungewohnten bei der Athmung auf. Dennoch ist von kleinen Fabriken männlicher Arbeit nicht nachzuweisen, dass der Gesundheitszustand der Arbeiter ungünstiger ist, als der anderer Arbeiter bei sitzender Fabrikbeschäftigung, und dass eine dauernde Beschädigung aus der Arbeit entsteht. Dagegen hören wir von grossen Fabriken andere Urtheile. Von der österreichischen Cigarrenfabrik zu Iglau, die 1942 Arbeiterinnen von 13—52 Jahren, bei täglich 10stündiger Arbeit, beschäftigt und in welcher nur diejenigen Aufnahme finden, deren Gesundheitszustand zu einer Arbeitsfähigkeit von längerer Dauer Aussicht giebt, berichtet Dr. Kostial, dass der Staub und die Nicotin-Dünste besonders jungen neueingetretenen Arbeiterinnen schädlich sich erweisen. In den ersten 6 Monaten erkranken von den neueingetretenen Arbeiterinnen 72 % an Hirncongestionen, Nervenleiden, Präcordialangst, Herzklopfen, Blutleere, Magenentzündungen, Bindehautentzündungen, allgemeine Mattigkeit, Schlaflosigkeit und Appetitmangel. Professor Schneider in Wien hat in diesen Fällen Nicotin im Urin nachgewiesen. Diese Krankheitserscheinungen werden theils der Ueberfüllung der Räume, theils der Vergiftung durch die nicotinhaltige Luft zugeschrieben. Man acclimatisirt sich jedoch an die Einwirkung des Tabaksdunstes, findet aber bei älteren Arbeiterinnen einen gelben Teint und einen weissen Rand des Zahnfleisches. Die Constitution der Cigarrenarbeiter ist keinesweges eine kräftige, das scheint aber zunächst mit anderen ursächlichen Bedingungen, die an diese Fabrikthätigkeit geknüpft sind, in Verbindung zu stehen. Die Art der Arbeit übt einen nachtheiligen Einfluss; die Muskeln des Thorax werden wenig geübt, die gebückte Stellung schadet der Entwicklung des Thorax, führt zu Difformitäten und begünstigt Stockungen im Unterleibe.

Endlich sind auch bei der Heizung und Beleuchtung der Wohnräume und deren Einfluss auf die atmosphärische Luft die

Interessen der Gesundheitspflege in hohem Grade betheiligt. Ihre Aufgabe ist es, die Schädlichkeiten zu vermindern, welche durch den Modus der Erwärmung und Beleuchtung der Wohnräume entstehen. Richtige Anschauungen werden die private Gesundheitspflege befähigen, hierher gehörige schädliche Einflüsse zu verhüten. — Der Verbrennungsprocess, auf welchen die künstliche Erwärmung und Beleuchtung der Wohnungen basirt, geht bekanntlich nur durch einen Gasaustausch mit der atmosphärischen Luft von statten, durch welchen Sauerstoff verzehrt und Kohlensäure, Kohlenoxyd und Wasser gebildet werden. Es ist ein analoger Process, wie bei der Athmung, welche deshalb auch wohl als ein Verbrennungsprocess aufgefasst worden ist. Bei der Verbrennung werden aber neben den gasigen Producten auch Staubtheile in die Luft geführt. Der Vorgang der Verbrennung setzt eine reiche Zufuhr atmosphärischer Luft voraus, aber bei verschiedenen Brennmaterialien ist der Bedarf an atmosphärischer Luft keineswegs gleich. Während z. B. 1 Klgr. Steinkohle zur vollständigen Verbrennung 13,3 C.-M. Luft verlangt, sind für 1 Klgr. Holz 7 C.-M. Luft ausreichend. — Unter angemessenen Verhältnissen und bei umsichtiger Behandlung der Heizvorrichtungen wird die Luft bewohnter Räume nicht wesentlich verunreinigt, allein wo Mängel in der Einrichtung und in der Behandlung sich finden, können zumal die gasigen Producte in der Luft der Wohnungen gefährlich werden. Der häufigste der Mängel ist in dieser Beziehung das bekannte Rauchen der Schornsteine, welches nicht allein eine bedeutende Verunreinigung der Luft, sondern auch einen grossen Verlust an Brennmaterial zur Folge hat. Das gefährlichste der Gase ist das Kohlenoxydgas, das überall alljährlich Opfer fordert. Seine Giftigkeit ist so gross, dass schon eine Beimengung von $^1/_2$ % zur Zimmerluft den Tod der sich in derselben aufhaltenden Menschen oder Thiere binnen kurzer Zeit zur Folge hat. Die physiologische Wirkung dieser giftigen Eigenschaft des Kohlenoxydgases beruht auf der besondern chemischen Verwandtschaft des Gases zu einem der Bestandtheile der rothen Blutkörperchen des Blutes. Diese Verwandtschaft ist grösser als die des Sauerstoffs, der in den Blutkörperchen für die Functionen des animalischen Organismus eine wichtige Rolle spielt. Durch das Kohlenoxyd wird der Sauerstoff in den rothen Blutkörperchen der Art verdrängt und ihre normale Beschaffenheit so verändert, dass dieselbe vernichtet, nicht wieder herzustellen ist. Die Blutkörperchen werden zu ihren physiologischen Functionen unfähig; diess äussert sich zunächst durch Ernährungs- und Functionsstörungen im Central-Nervensystem, welche den Untergang der Functionen der Athmung und des Blutumlaufes nach sich ziehen. Die gewöhnlichste Entstehung des Kohlendunstes in der Zimmerluft, bedingt durch Hemmung des Luftzuges der Oefen vor beendigtem Verbrennungsprocesse, ist in der Regel veranlasst durch Verschliessung der Klappenvorrichtungen des Rauchrohres, durch welche die Verbrennungsgase zurückgehalten werden und nun mit diesen Kohlenoxyd und Kohlensäure in das Zimmer treten. Indessen hat die neuere Zeit noch eine andere Quelle der Erzeugung von Kohlenoxydgas in der Zimmerluft aufgefunden. Man hat in Frankreich und Amerika beobachtet, dass gusseiserne Oefen, wenn sie bis zum Rothglühen erhitzt werden, Kohlenoxydgas austreten lassen. Die wissenschaftlichen Untersuchungen von St. Claire-Deville und Troost haben diese Beobachtung der Durchlässigkeit des rothglühenden Gusseisens für Kohlenoxyd bestätigt und ergeben, dass die Luft in Berührung mit dem rothglühenden Ofen bis zu 0,0013 ihres Volumens von Kohlenoxydgas aufnimmt und nach dem Aufrühren des Staubes bis zu 0,0018, dagegen bei Oefen von Eisenblech nur 0,00041 resp. 0,00055 Kohlenoxyd ausgeschieden werden. Diese Erfahrungen haben also mit Bestimmtheit dargethan, dass gusseiserne Oefen mehr als schmiedeeiserne durchlässig sind und durch Oxydation eines Theils des im Eisen enthaltenen Kohlenstoffs durch den Sauerstoff der Luft, durch die Reduction der Luftkohlensäure und durch die unvollständige Oxydation des verbrennenden organischen Staubes zur Kohlenoxydentwicklung Veranlassung geben können. Gegenüber der Erfahrung, dass ungeachtet der allgemeinen Verbreitung gusseiserner Oefen, wirkliche Kohlenoxydvergiftungen durch dieselben nicht bekannt geworden sind, dürfte die Ueberheizung eiserner Oefen in schlecht ventilirten Wohnräumen wahrscheinlich doch nicht ohne Nachtheil bleiben. Dr. Carret in Chambery wollte vor mehreren Jahren die in einem Lyceum vorkommenden acuten nervösen fieberhaften Störungen und anämischen Zustände auf die giftigen Wirkungen sehr kleiner Mengen Kohlenoxydgas zurückführen, welche durch rothglühende Oefen der Luft mitgetheilt waren. Wir entnehmen daraus die Lehre, dass die Heizung nicht so weit getrieben werden darf. Die Temperatur der erwärmenden Fläche sollte 50—60° C. nicht übersteigen, die umgebende Luft wird dadurch auf 25—30° C. erwärmt. Steigt die Erhitzung höher, so nehmen wir einen eigenthümlich brenzlichen Geruch wahr, verursacht durch die Verkohlung der organischen Beimengungen der Luft und des Staubes der Oefen. Es kann ein Warnungszeichen sein.

Während die Verbrennungsproducte der Heizung nur unter Verhältnissen, die mit derselben keineswegs unumgänglich verknüpft sind, die Luft der Wohnungen verunreinigen, ist die Beleuchtung eine unvermeidliche Quelle der Luftverderbniss der Wohnungen. Diese Luftverderbniss, sowie eine übermässige Wärmeproduction und der übermässige oder zu schwache Grad, sowie die Unruhe des Lichtes, können einen nachtheiligen Einfluss auf die Gesundheit der Bewohner ausüben. Doch wir gedenken hier nur der nachtheiligen Einflüsse der Verunreinigung der Luft durch die Beleuchtung. Der Sauerstoff-Verbrauch ist gesundheitlich weniger bedenklich, als die Beimengungen der Verbrennungsproducte. Dennoch ist der Consum des Sauerstoffs nicht unbedeutend, das Grössenverhältniss aber nach dem verwandten Leuchtmateriale verschieden z. B.:

1 Klgr.	Talg	verzehrt	den	Sauerstoff	von	10,352	C.-M.	Luft.
„ „	Rüböl	„	„	„	„	11,219	„	„
„ „	Leuchtgas	„	„	„	„	13,620	„	„

Obwohl die Beleuchtungsmethoden sich mehr und mehr verbessert haben, bleibt doch immer ein gesundheitlicher Einfluss, der je nach dem Beleuchtungsmateriale und dessen Verwendung von mehr oder weniger bedeutendem Nachtheil ist. Alle Beleuchtungsmittel, die festen wie die flüssigen, müssen bei dem Verbrennungsprocesse in Gas übergehen, da nur an dieses die Lichterscheinung der Flamme geknüpft ist. Die festen Stoffe müssen sich verflüssigen und dann wie die flüssigen mittelst der Capillarität des Dochtes dem Heerde der Verbrennung zugeführt werden, wo die Zersetzung der flüssigen Substanzen in gasige Stoffe vor sich geht. Dieses Verhältniss trifft alle Beleuchtungsmaterialien, mit Ausnahme derjenigen, welche sich, wie das Leuchtgas, durch einen vorhergegangenen Darstellungsprocess schon in gasigem Zustande befinden, oder die bei einem relativ niedrigen Temperatur-Grade schon in den Gaszustand übergehen, wie die flüchtigen Gase des Petroleums. Auf das Leuchten der Flammen hat der Luftdruck sowie die Temperatur, mit welcher ein Körper verbrennt, besonderen Einfluss (Deville). Für unsere Wohnungen kommen als Leuchtstoffe gegenwärtig vorzugsweise nur Talg, Rüböl, Petroleum und Gas in Betracht. Das **Talglicht**, welches von schwacher Leuchtkraft, und dessen vollständige Verbrennung an ein beständiges Abschneiden des Dochtes gebunden ist, giebt am häufigsten zu einer unvollständigen Verbrennung und zu deren Folge, der Luftverunreinigung, Anlass. Es werden vorzugsweise Kohlenwasserstoff, Kohlenoxyd, Kohlensäure mit Fettsäuren (Acrolein), flüchtige empyreumatische Substanzen und Kohle das Ergebniss der unvollständigen Verbrennung sein. Diese gasigen und materiellen Beimengungen sind dem Geruche höchst unangenehm, reizen die Athmungsorgane und können bei dauernder Wirkung auf die Blutbeschaffenheit nachtheiligen Einfluss haben. Die vollständige Verbrennung ergiebt Kohlensäure und Wasser. Eine Stearinkerze producirt stündlich 0,4 C.-F. Kohlensäure, ein Talglicht wahrscheinlich noch mehr. — Das **Rüböl** in Drucklampen giebt ein mildes, gleichmässiges, helles Licht, bei geringer Luftverunreinigung. Ist die Oelzufuhr nicht gleichmässig, so entstehen stinkende Dämpfe, welche Kohlenwasserstoff, Kohlensäure, Stickstoff und Kohle enthalten. Das Auslöschen der Lampe und glimmende Lampendochte erzeugen eben diese Producte einer unvollkommenen Verbrennung und werden durch die Acroleindämpfe und Fettsäuren sehr unangenehm, reizen in grösseren Mengen die Lungen und rufen Kopfweh, Beklemmung und Uebelkeit hervor. Apparate mangelhafter Construction und unreines Brennmaterial erhöhen die Producte der unvollkommenen Verbrennung. Aber auch eine Moderateurlampe von einer Leuchtstärke von $4^1/_2$ Normalflammen und bei einem Verbrauch von 118 Gramm Rüböl erhöht nach **Zoch** binnen 4 Stunden den Kohlensäure-Gehalt der Luft von 0,77 auf 1,54 per Mille. Als Beleuchtungsmittel hat **Petroleum** einen hohen Werth und zeichnet sich durch eine sehr helle, gleichmässige und weisse Lichtflamme, sowie durch Billigkeit aus. Die Feuergefährlichkeit wird vermindert durch eine gute Destillation des Petroleums, welche die flüchtigen, leicht entzündlichen Oele entfernt. Die meiste Sicherheit bietet in dieser Beziehung ein Petroleum, welches nicht unter 52° siedet (es giebt aber Sorten, deren flüchtige Oele schon mit 26° sieden). Im Gebrauche wird die Feuergefährlichkeit vermindert durch ein fortwährendes Gefüllthalten der Lampen, so dass in dem Petroleum enthaltenen Lampenraume keine Mischung mit atmosphärischer Luft stattfinden kann; durch heftiges Schütteln mit atmosphärischer Luft und gleichzeitig künstlicher Erwärmung will man Explosionen beobachtet haben. In gesundheitlicher Beziehung steht das Petroleum ungünstiger als das Rüböl. Zoch berechnet, dass die Kohlensäure-Production einer Petroleumlampe mit Schnittbrenner bei einem Consum von 61 Gramm, bei einer Lichtstärke von $3^1/_2$ Normalflammen binnen 4 Stunden in einem Raum von 72 C.-M. Inhalt von 0,69 auf 1,57 per Mille sich erhöht habe. Aber abgesehen von der Kohlensäure-Production, die nach Anderer Berechnungen für das Petroleum sich günstiger stellen soll, als für das Rüböl, so liefert das Petroleum doch mehr Producte einer unvollkommenen Verbrennung. Neben viel Rauch und Russ und gasigen Producten von reichem Kohlenstoffgehalt, hat man Schwefel-, Phosphor-, Fluor- nnd Arsenikverbindungen gefunden, welche einen höchst unangenehmen Geruch verbreiten. Das Petroleum erfordert zur vollkommenen Verbrennung eine starke Luftzufuhr, desshalb sind die gewöhnlichen Lampen mit freiem Dochte zu verwerfen, wo die Flamme immer russt, was auch bei den gut construirten Lampen, welche unter dem Glase der Flamme einen stärkeren Luftstrom heranziehen, der Fall ist, wenn sie rasch bewegt werden. In neuerer Zeit sind auch Zimmer-Kochapparate, die mit Petroleum geheizt werden, in Gebrauch gekommen. Bei diesen Apparaten wird die Zimmerluft durch die unvollkommenen Verbrennungsproducte von höchst üblem Geruch und Dünsten, die den Athem beengen, in hohem Grade verunreinigt.

Die Gasbeleuchtung verwendet zum Beleuchtungszweck rein und ohne Vermittlung die brennbaren Gase, welche bei Verwendung von Kerzen und Oelen erst durch den Verbrennungsprocess unter Vermittlung des Dochtes erzeugt werden müssen. Das Leuchtgas ist ein Gemenge von Gasen und die Zusammensetzung ist nicht immer gleichmässig constant. Die Qualität des zur Erzeugung verwandten Materiales hat Einfluss auf die Mengenverhältnisse der Bestandtheile, unter welchen Kohlensäure, Kohlenoxyd, Wasserstoff, Kohlenwasserstoff, Grubengas, ölbildendes Gas, (oder Aethylen) als die vorwiegenden zu nennen sind. Das reinste Gas wird aus Petroleum bereitet. Ungeachtet der Reinigung finden sich doch noch immer kleine Beimengungen von Ammoniak, Schwefelkohlenstoff und Schwefelwasserstoff in denselben. Der eigenthümliche Geruch des Gases soll nach Bertholet von Schwefelkohlenstoff, Benzin, den Naphthalin und Acetylen, Bestandttheile des ölbildenden Gases, herrühren. Das Erkennen des Luftgases durch den Geruch ist nach Tourdes noch bei einer Beimengung von 1,5 p. M. deutlich möglich. Obige Bestandtheile des Leuchtgases sind für die Verunreinigung der Luft, die bei Undichtigkeit der Leitung und Fahrlässigkeit in der Behandlung des Gases so leicht möglich ist, von grosser Bedeutung. Kohlensäure und Kohlenoxyd, die constanten Bestandtheile auch des reinen Gases, werden immer gefährliche Beimengungen der Zimmerluft sein. Die vorgekommenen Vergiftungen sind vorzugsweise durch das giftige Kohlenoxydgas bedingt, welches nach Graham-Otto nach den Analysen von 6 verschiedenen Sorten mit 5—10 % im Leuchtgase vorkommt; ja in dem aus Holz und Harz bereitetem Gase soll der Gehalt an Kohlenoxyd noch weit grösser sein. Die zur Vergiftung eines Menschen erforderliche Menge Leuchtgas ist nicht genau bekannt. Nach Tourdes wird eine Beimengung von $^1/_{30}$ Leuchtgas in der Luft schon gesundliche Störungen hervorrufen, ja $^1/_{75}$ wird schon empfunden; die Vergiftung tritt eher ein, als die Bildung explosiver Gemenge, also unter 25 %. Die Schnelligkeit der Wirkung hängt von dem Verhältnisse der Mischung in der Luft ab. Als Vergiftungserscheinungen sind beim Menschen beobachtet worden: Kopfschmerz, Schwindel, Betäubung, Erbrechen, Athemnoth und Krampferscheinungen, die in Lähmung und Tod übergehen können. Den Erdboden soll das Gas bis zu 3 Meter Tiefe infiltriren können; eigenthümlich ist aber die Erfahrung, dass wenn das Leuchtgas durch dicke Erdschichten strömt, die riechenden Bestandtheile verloren gehen, wahrscheinlich durch einen chemischen Zersetzungsprocess, während das Kohlenoxydgas seine giftige Eigenschaft bewahrt. Die Flamme des Gases bedarf zum Leuchten reichliche Luftzufuhr, Mangel an Luft macht die Flamme russend. Die Verbrennungsproducte sind Kohlensäure, Wasser, Stickstoff, unverbrannte Kohle, schweflige Säure, Cyan und Ammonium. In einem geschlossenen Raume von 72 C.-M. Inhalt brachte nach Zoch eine Gasflamme nach 4stündigem Brennen mit einem Gasconsum von 5 Cub.-Fuss per Stunde den Kohlensäuregehalt der Luft von 0,6 ‰ auf 2,9 p. M. Durch das Leuchtgas geht also immer eine Verschlechterung der Zimmerluft, eine Verunreinigung vor sich, die fühlbar ist und die Beachtung der Gesundheitspflege beansprucht.

3. Verwerthung der Erfahrungen über die Verunreinigungen der Luft bei den Aufgaben der Gesundheitspflege im praktischen Leben.

In dem Vorgetragenen finden Sie die Erfahrungen zusammengestellt, welche durch die Forschungen über die ursächlichen Bedingungen der Verunreinigung der Luft in den Wohnräumen unser Wissen bereichert haben. Die Gesundheitspflege entnimmt aus derselben werthvolle Belehrungen, die als leitende Fingerzeige ein Gemeingut Aller sein sollten. In dem Bewusstsein, dass wir diesem Ziele noch fern sind, darf die Frage wohl am Platze sein: Wie gestaltet sich gegenüber den Aufgaben die Verwerthung dieses Wissens im praktischen Leben?

Das Wohnhaus ist für den Menschen der Ausgangspunkt des gesitteten Lebens gewesen. In demselben verbringt der Mensch den grössten Theil seines Lebens, verbindet mit demselben den Begriff der Zusammengehörigkeit, der Heimath der Familie und sucht sich in demselben die Grundlagen seines körperlichen Wohlbefindens, des Behagens und gemüthlicher Befriedigung zu schaffen. Aus Unkenntniss und Noth bleibt dies Ziel so häufig unerreicht und die Mängel des Wohnhauses, die Fehler seiner Benutzung strafen sich an Gesundheit und Leben. In den grösseren Städten, die sich in neuerer Zeit auf Kosten ländlicher Districte in unberechenbaren Verhältnissen bevölkern, wird diese Thatsache durch unzählige Beispiele bestätigt. Wo Neubauten nicht genügen, wird der Mangel zweckmässiger Wohnungen immer fühlbarer. Ueberfüllung der Wohnungen ist die nächste unvermeidliche und gefährliche Folge des raschen Zuwachses der Städte und die weitere Folge ist, dass gesundheitsschädliche Localitäten als Wohnräume angeboten und gesucht werden, von welchen die Calamitäten der raschwachsenden Grossstädte zu erzählen wissen. Die öffentliche Gesundheitspflege muss ihre ganze Wachsamkeit entfalten und es erscheint dringend geboten, von deren Grundsätzen Einsicht und Verständniss zu verbreiten, ohne welche man sein und seiner Kinder Wohl dem Zufall überlässt.

Die gesundheitlichen Mängel unserer Wohnräume liegen vorzugsweise in der fehlerhaften Luftbeschaffenheit begründet. Alle gesundheitswidrigen Gebrechen hierher gehöriger Wohnungen lassen sich im letzten Grunde auf Luftmangel und Verunreinigung der Luft zurückführen. Die Beschränktheit der Wohnung und die Ueberfüllung, die Nässe und Feuchtigkeit der Mauern, sei es vom Grundboden aus oder von durchsickernder Canaljauche, die Unreinlichkeit, die Rauchausströmungen, der Lichtmangel, dessen Beseitigung ein fortwährendes Lichtbrennen der finsteren Localitäten verlangt, alle diese ursächlichen Bedingungen einer gesundheitsschädlichen Wohnung äussern ihre schädliche Wirkung auf den Menschen vorzugsweise durch die Luft. Nicht allein in den Wohnungen der unbemittelten Bevölkerung sind diese Mängel zu finden. Auch die Localitäten verdienen in dieser Beziehung Beachtung, in welchen Arbeitgeber Gehülfen und Dienstboten unterbringen. In den grössern Städten und Stadttheilen, wo die Bevölkerung dicht, zumal in grossen Kasernenbauten zusammenwohnt, werden häufig die ungesundesten Localitäten in dieser Weise als Schlafstelle benutzt. Dass auch bei uns gesundheitswidrige Wohnungen nicht fehlen, haben mehrfache vom Medicinalamte veranlasste Untersuchungen ergeben, welche zumal in Kellerwohnungen die Luftarmuth, Beschränktheit und ungesunde Beschaffenheit der Räumlichkeit ergaben und die Untersagung der Weiterbenutzung der Kellerwohnung zur Folge hatten.

Ueber die Gesichtspunkte für die Erhaltung reiner Luft in Wohnhäusern hat Pettenkofer uns belehrt, dem wir hier folgen wollen. Damit ein Wohnhaus den gesundheitlichen Zwecken entsprechen kann, muss dasselbe den Verkehr mit der umgebenden Atmosphäre, unseren Bedürfnissen gemäss, unterhalten. Dies geschieht zunächst durch die Durchlässigkeit der Mauern für Luft. Unsere Sinne sind nicht empfindlich genug, dies zu empfinden. Solange die Bewegung der Luft nicht einen halben Meter per Secunde erreicht, werden unsere Sinne die Bewegungsvorgänge der Luft unmittelbar nicht wahrnehmen. Dies verleitet zu der

Annahme, dass die Luft sich nicht bewege. Wir halten die Mauern für dicht und gestehen nur dem mangelhaften Verschluss der Fenster und Thüren die Communication mit der äusseren Luft zu. Dennoch wissen wir, dass das Wasser die Mauern durchdringt, aber so gut wie das Wasser die Poren des Baumaterials durchdringen und erfüllen kann, vermag es auch die Luft, ja in der Wirklichkeit noch viel mehr, denn die Luft ist 770 mal leichter als Wasser. Der Unterschied ist nur, das Wasser können wir sehen, die Luft nicht.

Aus Pettenkofer's Untersuchungen geht hervor, dass nicht nicht nur die Backsteine (ebenso wie Sandsteine), für Luft durchlässig sind, sondern auch der Mörtel, und letzterer mehr als der Backstein, welcher sich in der Mauer zum Mörtel wie 4 zu 1 verhält. So vermitteln die trocknen Wandflächen und die undichten Fenster und Thüren den Luftaustausch, die natürliche Ventilation. Sobald aber die Poren des Baumaterials von Wasser gefüllt sind, werden sie für die Luft undurchlässig. Der Wasserdunst der Luft der Wohnräume wird durch die Poren der trocknen Wände abgeführt; aber diese können nur so lange Wasser condensiren, bis die Poren ganz mit Wasser gefüllt sind. Damit hört die Abdunstung der Wohnräume auf. In dieser Wirkung des Wassers in den Poren der Wände, liegt die gesundheitliche Schädlichkeit der nassen Wände, indem diese nämlich die Zimmerluft von der äussern Luft abschliessen. Die nassen Wände beeinträchtigen die Ventilation der Zimmerluft und hemmen die Diffusion der organischen und unorganischen Gase, die das Streben haben, nach allen Seiten hin sich gleichmässig zu durchdringen; sie stören die Wärme-Oekonomie unsers Körpers, indem sie als abkühlende Körper wirken, die Wärme besser leiten und durch einseitig vermehrte Strahlung dem menschlichen Körper Wärme entziehen. Die weitere Folge ist die Vermindrung der wässrigen Absonderungen der Haut und Ueberfüllung der Luft mit organischen Gasen, den Producten der Respirationsprocesse. Diese Wirkungen sind gesundheitlich sehr beachtenswerth, sie erklären den nachtheiligen Einfluss feuchter Wohnungen. Wiederholte Erfahrungen der Aerzte haben diesen Einfluss constatirt und auf denselben die Entstehung verschiedener Krankheiten zurückgeführt, als Rheumatismus, Catarrhe, kalte Fieber, Nierenleiden. Wir kennen den Einfluss hoher Grade von Luftfeuchtigkeit auf die Entwicklung von Lungenschwindsucht schon lange, aber durch statistische Erhebungen (von Buchanan) ist unlängst nachgewiesen, dass feuchte Kellerwohnungen in näherer ursächlicher Beziehung zur Schwindsucht stehen. Hier können aber verschiedene nachtheilige Einflüsse zusammenwirken, und ausser dem Mangel der Ventilation der Mauern, welche die erhöhte Luftfeuchtigkeit zur Folge hat, auch die Einflüsse der Bodenluft sich geltend machen. Allein der von Buchanan constatirte Erfolg, dass durch Drainirung des Bodens das Vorkommen der Schwindsucht und deren Mortalität (in verschiedenen Städten von 10—40%) abgenommen hat, weist doch vorwiegend auf die bedenkliche Bedeutung der nassen Wände vom Boden aus hin. Soll das Haus eine gesunde schützende Stätte abgeben, so müssen die Hausmauern die Aufgabe erfüllen, die Abführung der Zimmerluft des in derselben durch das animalische Leben und den Hausgebrauch entwickelten Wasserdunstes in die freie Luft zu vermitteln. Hier übernehmen der mechanische Luftdruck, den wir als Wind kennen und die Wärme, die Verdunstung, welche von der nach Süden gelegenen und von der Sonne beschienenen Seite des Hauses am schnellsten vor sich geht. Dies erklärt die feuchtere und kältere Beschaffenheit der nach Norden gelegenen Localitäten. Wenn der Austausch der Luft des Hauses mit der umgebenden Atmosphäre so unbedingt nothwendig ist für unser Wohlbefinden, so erhellt daraus die besondere Bedeutung der Luft der Umgebung des Hauses für die Gesundheit desselben. In der Lage des Hauses können mithin gesundheitliche Schädigungen liegen, deren Wirkung wiederum durch die Luft, die dieselbe umgiebt, vermittelt werden. Ist die umgebende Atmosphäre verunreinigt, so führt der Austausch durch die Mauern dem Innern der Wohnräume keine reine Luft zu. Freistehende Häuser haben einen reicheren Luftwechsel, als die enggebauten, durch andere Baulichkeiten von den herrschenden Luftströmungen abgeschlossenen Wohnhäuser. Die Grösse des Luftwechsels hängt aber nicht allein von dem Winde und der Temperatur-Differenz ab, sondern auch vom Hause selbst, von dessen Baumaterial, von dessen Grösse, von der Zahl und Grösse der Fenster. Fehlt im Sommer die Temperatur-Differenz, dann helfen Wind oder das Oeffnen der Fenster aus, im Winter bei grossen Temperatur-Differenzen zwischen der Innen- und Aussenluft, bewirkt die Heizung die Erscheinungen des Luftdrucks. Die Luft strömt durch die kleinsten Oeffnungen ein und bringt einen intensiven Luftwechsel zu Wege. In ungeheizten Zimmern sinkt im Winter der Luftwechsel sehr rasch. Die einzige Aushülfe, das Oeffnen der Fenster, unterbleibt wegen der Kälte; wird zudem durch den Aufenthalt vieler Menschen die Luft verunreinigt, so füllt nach und nach der condensirte Wasserdunst die Poren der Wände aus und macht diese für die Luft undurchdringlich; es tritt dieselbe Erscheinung ein wie in den feuchten Kellerwohnungen. Der Luftwechsel durch die Mauern hört ganz auf. Das sind häufig in den Wohnungen der Armen die Verhältnisse, die zum Nachtheil der Gesundheit wirken.

Es interessirt uns zu wissen, wie gross der Bedarf an reiner Luft für den Menschen ist. Im Allgemeinen kann man hierauf antworten, dass das Athembedürfniss sich nach den gesundheitsgemässen Vorgängen des organischen Lebens genau regelt. Der Mensch muss genügende und reichliche Luftmengen haben. Pettenkofer hat an die Frage: wie gross das Bedürfniss des Menschen an reiner Luft sei, die Vorfrage geknüpft: Welchen Maassstab haben wir, die Verunreinigung der Luft zu messen? Das gewöhnliche Schätzungsmittel der Luftverderbniss ist das Geruchsorgan, welches jedoch immer nur ein subjectives, durch Reizempfänglichkeit und Gewöhnung sehr beeinträchtigtes Urtheil abgeben kann. Wir empfinden zunächst den Dunst und die Producte der Athmung des Menschen und bezeichnen darnach die Luft als verbraucht, qualmig. Einen sicheren Anhaltspunkt giebt die Kohlensäureausscheidung des Menschen; mit dieser stehen in einem bestimmten relativen Verhältnisse die Veränderungen der Luft durch den animalischen Lebensprocess, von denen die organischen Gase zunächst der Nase auffallen. Die Untersuchungen haben ergeben, dass 1 per Mille Kohlensäure die Gränze anzeigt, über welche hinaus die Zimmerluft nicht steigen sollte, dass ein grösserer Gehalt von Kohlensäure dem Menschen lästig und schädlich wird. Die Beobachtungen verschiedener Forscher (Pettenkofer, Henneberg, Schultze und Märcker) sind zu dem Resultate gekommen, dass, um die Luft in den Räumen notorisch gut zu erhalten, durchschnittlich eine Ventilation von 60 Cubikmetern per Kopf und Stunde nothwendig ist. Auf empirischem Wege wurde dies Resultat durch die Ventilations-Versuche des Hopital la Riboisière in Paris bestätigt, wo nur bei einem Luftaustausch von 60 Cubikmeter für das Bett und die Stunde die Luft gut wurde. In Frankreich und England nicht bloss, sondern auch in Deutschland sind gegenwärtig die Forderungen, welche an den Luftaustausch gemacht werden, bei Weitem grösser, als vor wenigen Jahren, und die Erfolge der Krankenpflege unseres grossen Krieges darf man zum grossen Theil der practischen Verwerthung unserer Einsicht in das Luftbedürfniss des Menschen zuschreiben. Das Programm der Ventilation verlangt nach Pettenkofer für die Person und die Stunde:

in Hospitälern	bei	gewöhnlichen Kranken	60—70	Cubikmeter
„	„	„ Verwundeten	100	„
„	„	„ Epidemien	150	„
„ Gefängnissen			50	„
„ Werkstätten,	gewöhnlichen		60	„
„	„	ungesunden	100	„
„ Casernen am Tage			30	„
„	„	bei Nacht	40—50	„
„ Sälen für länger dauernde Versammlung			60	„
„ Schulen für kleinere Kinder			12—15	„
„	„	„ grössere Jugend	25—30	„

Pettenkofer hat endlich darüber Versuche angestellt, wie gross der Luftaustausch sei in Zimmern durch die blosse Temperatur-Differenz. Zu dem Zwecke mischte P. die Zimmerluft bis zu einem gewissen Grade mit Kohlensäure und berechnete nach der Abnahme des Kohlensäuregehaltes der Zimmerluft, das Zuströmen der äusseren Luft. So fand er Folgendes: Bei einer Temperatur-Differenz von 19° C. wechselte in dem Zimmer (eines Backsteinhauses) von 75 Cubikmeter-Inhalt in einer Stunde die Luft mit 75 Cubikmeter; bei lebhaftem Feuer und Zug im Ofen stieg der Luftwechsel in einer Stunde auf 94 Cubikmeter, also ein lebhaftes Ofenfeuer erhöht den Luftaustausch nur um etwa 20 Cubikmeter oder 25%. Bei einem Verkleben der Thür- und Fensterfugen sinkt der Luftaustausch wieder auf 54 Cubikmeter. Dagegen bei einer Temperatur-Differenz von nur 4° C. (bei einer Temperatur von 18° C. im Freien und 22° im Zimmer) betrug der Luftwechsel nur 24 Cubikmeter und selbst nach dem Oeffnen eines Fensterflügels nur 42 Cubikmeter. Im günstigsten Falle konnte ein Ofen nicht mehr als 90 Cubikmeter per Stunde die Luft wechseln. Wir entnehmen aus diesen scharfsinnigen Untersuchungen, dass in einem Raum, wo viele Menschen sich aufhalten, weder ein Windofen, noch das Oeffnen der Fenster genügen kann, die Luft gut zu erhalten.

Wenn auf die Aussenverhältnisse der Wohnungen die öffentliche Gesundheitspflege einigermassen günstig einwirken kann, so ist bei Benutzung des Wohnhauses selbst die private Gesundheitspflege von weit grösserem Erfolge. Die Befolgung ihrer Lehren vermag die Mängel der Wohnung zu mildern. Vollkommene Wohnungen erlangen wir nicht, und für dieselben zu Grunde legen zu wollen, die Berechnungen über den Bedarf einer Person an Cubikraum Luft, sind für das practische Leben und die bestehenden Gesellschaftsverhältnisse utopische Forderungen. Aber innerhalb der Gränzen des Möglichen vermag ein richtiges Verständniss der einwirkenden Schädlichkeiten manche Verhältnisse zu bessern. In nächster Beziehung zu der gesundheitlichen Beschaffenheit einer Wohnung steht die verständige Benutzung derselben, und in erster Linie ist hier die Reinlichkeit der Bewohner bei sich und ihrer Umgebung und die sorgliche Behandlung der Abfallstoffe zu nennen. Gegen diese letztern sind nicht nur das Haus, sondern auch der Boden und der umgebende Luftkreis zu schützen. Durch Reinlicheit wird eine Quelle zahlloser Verunreinigungen der Luft verhütet. In dieser Beziehung sind die unteren Schichten der Bevölkerung ungünstiger gestellt. Während in den grösseren Privathäusern neuerer Zeit mehr oder weniger den gesundheitlichen Anforderungen Rechnung getragen wird, sind die Zustände der Mittel- und kleinen Wohnungen zumal älterer Zeit vorzugsweise mangelhaft. Die Räume eines Hauses sind entweder nur zeitweise oder dauernd in Benutzung und demgemäss von verschiedener gesundheitlicher Bedeutung. Von den Localitäten, welche in dieser Beziehung einer Kritik zu unterwerfen sind, nennen wir das Wohnzimmer, das Arbeitszimmer, das Schlafzimmer, die Kinderstube, die Küche und die Stallung.

Das Wohnzimmer, der gewöhnliche Aufenthalt der Familie, sollte alle Bedingungen des Wohlbefindens vereinigen, leidet aber, weil dasselbe in der Regel die gesammte Anzahl der Glieder des Hauses aufzunehmen hat, vielfach an Beschränkung des Raumes. Zur Winterszeit wird dasselbe zur Vornahme häuslicher Geschäfte mancherlei Art benutzt, was der Luft nicht vortheilhaft ist, vereinigt die Kinderschaar, und wird der Ersparung wegen in dem Zimmer gleichzeitig gekocht, sei es auf dem Zimmerofen oder auf dem Petroleum-Kochapparat, wird in demselben auch noch Wäsche getrocknet und muss dasselbe endlich noch als Arbeitszimmer des Familienvaters dienen, so vereinen sich die verschiedensten Quellen, um die Zimmerluft in hohem Grade zu einer Gesundheitsschädlichkeit zu machen. Die Wohnungstheuerung der Grossstädte zwingt auch den Gebildeten, zu überaus ungünstiger und gesundheitswidriger Benutzung der Wohnung. Was bei Tage zum Empfangs- und Arbeitszimmer dient, muss Nachts zu Schlafräumen der Familie dienen. Das fleissige Oeffnen der Fenster, was temporär allein einen Luftaustausch herbeiführen kann, unterbleibt, weil damit die Wärme zum Fenster hinausgeht. Eine derartige Luft ist arm an Sauerstoff, reich an organischen und unorganischen Gasen und birgt an materiellen Beimischungen staubförmige Partikel und organische Producte, deren ungünstiger Einfluss auf die Bewohner und zwar besonders auf die Kinder in der mangelhaften Ernährung, in dem bleichen Aussehen, in der Blutleere und in der schwachen Musculatur sich kundgiebt. Die daraus hervorgehende mangelhafte Widerstandskraft fördert die Neigung zu epidemischen Erkrankungen, die in Folge der verdorbenen Atmosphäre relativ häufig ungünstig ausgehen.

Die Arbeitszimmer und Werkstätten leiden neben Beschränktheit des Raumes und extremen Temperaturverhältnissen am meisten an materiellen Beimischungen der Luft. In der Luft, wo Eisen geschmolzen wird, weist das Microscop nach Sigerson einen schwarzen zerreiblichen Staub nach, der aus Partikelchen von Kohle, Eisen und Asche besteht. Das Eisen zeigte sich in kleinen Fragmenten von $^1/_{2000}$ eines Zolles Durchmesser. Aehnliche Beimischungen finden sich in den Arbeitsräumen der Feilenhauer, Stahlschleifer etc. In einer Werkstatt von Leinenwäsche fand Sigerson in der Atmosphäre eine grosse Menge Fäserchen von Leinen und Baumwolle; der in einer Druckerei gesammelte Staub enthielt merkliche Spuren von Antimon, die Luft eines Sectionssales enthielt organische Partikelchen und der microscopische Staub zeigte Fragmente der Gewebe, der Epithelien (British med. Journ. Jan. 1871). Die Bedeutsamkeit dieser Thatsachen für die Athmungsorgane sind schon lange erkannt. Das Vorkommen der Lungenschwindsucht steht in geradem Verhältniss zu der Dichtigkeit der Bevölkerung, wie nach Hirsch jetzt allgemein anerkannt wird und, wie Buhl hervorhebt, speciell zu engen geschlossenen Wohnungen, Arbeitsräumen und Fabriken in noch näherer Beziehung. Man bringt die Schwindsucht in causaler Verbindung mit Staubinhalationen und den Kohlensäuregehalt der Luft. Dr. Mair schreibt der letzteren Ursache in Fürth die Schwindsucht der Arbeiter zu, welche bei ihnen $^1/_5$ aller Todesfälle ausmacht und Prof. Buhl berechnet, dass 10—15 % der Todesfälle an Schwindsucht von mangelndem Luftwechsel herrühren. So sehen wir, dass für Werkstätten die natürliche Ventilation nicht ausreicht und Pettenkofers Programm von 100 Cubikmeter per Kopf und Stunde für ungesunde Werkstätten wird Sie nicht mehr überraschen.

Die Schlafzimmer sind in jedem Hause von besonderer Wichtigkeit für die Gesundheit der Bewohner, weil sie diesen für längere Zeit zum Aufenthalt dienen ohne Unterbrechung und ohne besonderen Luftwechsel; zumal schwächlichen und im Entwicklungsalter stehenden Individuen ist der Luftwechsel im Schlafzimmer von grosser gesundheitlicher Bedeutung. Schlafzimmer, die mit der freien Luft communicirende Fenster entbehren, Alkoven oder Zimmer von zu engen Raumverhältnissen sind zu verwerfen. Ebenso ist die fortwährende Benutzung der Schlafzimmer auch bei Tage, zu welcher wegen Beschränkung der Wohnungen oft die Noth zwingt, von Nachtheil.

Aus den oben erwähnten Untersuchungen von Pettenkofer und Voit geht hervor, dass bei dem organischen Gaswechsel des menschlichen Körpers bei Nacht eine reichere Ausscheidung von Kohlensäure und eine grössere Aufnahme von Sauerstoff vor sich geht als bei Tage. Pettenkofer, der die Schlafsäle von Anstalten mit vielen Bewohnern und überfüllte Erziehungsinstitute im Auge hat, schildert die Wirkung des Schlafenden auf die Zimmerluft im Winter weiter: „Der Körper des Schlafenden," sagt er, „ist eine kleine Wärmequelle und heizt mit der von dem Bette aufsteigenden Wärme des menschlichen Körpers das Zimmer, in welchem wegen der mangelnden Temperaturdifferenz zwischen Innen und Aussen durch die natürliche Ventilation kein Luftwechsel stattfindet. Der ausgeathmete Wasserdunst wird von den Wänden condensirt und verschliesst gegen Morgen deren Poren immer mehr; wenn durch Oeffnen der Fenster am Tage der Wasserdunst zum Theil auch wieder verdunstet, so wirkt dies doch nicht genügend"; es werden sich im Winter doch häufig nasse Stellen an den Wänden zeigen, und an den Gegenständen im Zimmer wird Schimmelbildung wahrzunehmen sein, ein Zeichen dauernder

Feuchtigkeit. „Am Morgen ist die Luft derartig mit den Ausscheidungen des menschlichen Körpers überladen, dass der Eintretende von dieser Atmosphäre vollständig überwältigt wird.“ Dr. Reck fand in dem Schlafsaal der Kaserne zu Braunschweig am Morgen 5—9 per Mille Kohlensäure, in den Schlafsälen der Salpetrière fanden sich 4—5 per Mille.

Aehnliche Verhältnisse wird man in überfüllten Instituten, Waisenhäusern etc. finden, wo oft 12—20 Knaben in Räumen zusammenschlafen, die für diese Zahl nicht berechnet sind. Wir sehen, wie weit die Luft hier von der zulässigen Grenze (1‰) der Beimengung von Kohlensäure entfernt ist, und für diese Räume gilt der Rath, die künstliche Ventilation zu Hülfe zu nehmen. Ein Kind braucht für seinen in der Entwicklung gesteigerten Lebensprocess gerade so viel Luft wie ein Erwachsener. Darf es uns Wunder nehmen, dass in Folge derartiger Schlafräume die frische Farbe der Kinder bald weicht, selbst wo die Umgebung des Wohnhauses eine ländliche Gebirgsgegend ist. Pettenkofer sagt mit Recht, die Wirkung der Luftverderbniss ruft keine specifische Krankheit hervor (wenigstens nicht in der Regel), bedingt aber Blutarmuth und Mangel an Widerstandsfähigkeit gegen Schädlichkeiten. Der Einfluss des Kasernen-Lebens in den Armeen äussert sich bei dem Militär, wie statistisch nachgewiesen ist, durch eine grössere Mortalität als bei der Civilbevölkerung gleicher Altersjahre, ungeachtet die Verhältnisse der Ernährung und Kleidung bei ersteren besser sind. Dieser Einfluss wird vorzugsweise in der Luftverderbniss der Schlafräume gesucht. In England wird der Belegung der gemeinsamen Schlafräume in Anstalten und Logirhäusern die grösste Beachtung geschenkt. Der Poor Law Board von London, Dublin etc. hat den nothwendigen Cubikinhalt der Schlafräume in den Lodginghouses für gesunde Personen auf 300 Cubikfuss normirt und den Raum auf 30 Quadratfuss Oberfläche. Noch unlängst berichtet die Lancet v. 5. Oct. 1872 über die Visitation der Islington-Arbeitsschule, in welcher 225 arme Kinder erzogen werden. Die Kinder würden kräftiger sein, sagt der Bericht, wenn die Schlafsäle geräumiger sein und einen genügenden Luftraum gewähren würden; für kleine Kinder war der Cubikinhalt nur durchschnittlich 192—229 Cubikfuss, für grössere Knaben 262—358, für Mädchen 296 und im neuen Saal 721. In Privathäusern, auch in einem kleinen Familienhause wird die Luft immer besser sein als in den überfüllten

Schlafsälen der Anstalten, aber auch im Privathause wird manchmal gefehlt durch Ueberfüllung des Schlafzimmers und durch die Wahl eines unpassenden Locales, zumal durch Benutzung dunkler Gemächer, die nicht direct mit der Luft communiciren können.

Was von dem Schlafzimmer gesagt ist, gilt auch von der Kinderstube. Diese sollte das beste, luftigste und ein sonniges Zimmer sein. Hier vor allem ist die Haltung desselben, die Reinlichkeit der Bewohner für die Reinhaltung der Luft ein unbedingtes Erforderniss. Der ausreichende Luftraum sollte nach der Kinderzahl abgemessen werden, allein mit der wachsenden Kinderschaar werden die Zimmer nicht grösser; so bleibt die einzige, Erfolg versprechende Aushülfe die gesundheitliche Behandlung des Zimmers. Wie gross der Luftraum für kleine Kinder sein soll, darüber fehlen durch die Erfahrung erprobte Berechnungen. Für die Crêches (Wiegen-Anstalten) zu Paris hat im Jahre 1862 der Minister des Innern ein Reglement erlassen, welches bestimmt, dass jedes Kind zum wenigsten 8 Cubikmeter Luft haben soll. Die Verunreinigungen der Luft der Kinderzimmer liegen nicht vorzugsweise in den vorkommenden Unreinlichkeiten der Kinder, welche in der Regel schleunigst beseitigt werden, sondern in dem Missbrauch des Zimmers. Durch das Trocknen verunreinigter und nasser Wäsche an dem Ofen, durch die Vornahme von unpassenden Arbeiten, als Küchenarbeiten, Zubereiten von Kinderspeisen etc. werden der Luft schädliche organische Gase zugeführt. Qualmende Nachtlampen, Gasflammen und Petroleum-Lampen, die zumal Nachts streng zu vermeiden sind, verunreinigen die Luft mehr oder weniger. Die fleissige Erneuerung der Luft durch Oeffnen der Fenster muss Gesetz der Kinderstube sein. Es sollten Ventilationsröhren in den Wänden angebracht sein, die in England in keinem Kinderzimmer fehlen.

Die Küche bedarf beständig einer wiederholten Lufterneuerung, wo diess nicht geschieht, wird dieselbe immer zur Verunreinigung der Luft des Hauses Veranlassung geben. Die Reinigungsgeschäfte, die in der Küche vorgenommen werden, der Kochdunst, Rauch und Kohlendunst, die brenzlichen Zersetzungsproducte bei Erhitzung von Fett, der Ablauf des Gossensteines etc. sind die Quellen dieser Verunreinigung. Wegen dieser häufigen Veranlassungen zur Luftverderbniss sucht man die Küche von Wohn- und Schlafzimmern fernzuhalten, aber den Küchendunst mit seinen organischen Gasen findet man häufig im ganzen Hause verbreitet, die wärmere Luft des Treppenhauses wirkt wie ein Lockofen und zieht aus dem kühleren Souterrain, wo die Küche liegt, die Emanationen, welche der Schornstein aufnehmen sollte, nach oben. Diese lästigen, für Schlaf- und Kinderzimmer nicht gleichgültigen Dünste sind eine arge Calamität vieler eleganter Privatwohnungen.

Eine höchst bedenkliche Quelle der Luftverderbniss bilden endlich die Cloakengase, deren Aufsteigen in die Wohnungen aus dem Souterrain ebenfalls durch die wärmere Luft des Treppenhauses motivirt wird. Die mangelhafte Lüftung der Closette ist die nächste Veranlassung. Auch durch undichte Röhrenleitungen können diese Gase Wohnräume inficiren.

Stallungen, die mit den Wohnungen verbunden sind, führen der Luft Verunreinigungen zu, die von Ausdünstungen herrühren, die theils dem thierischen Lebensprocess entstammen, theils den festen und flüssigen thierischen Abgängen und deren Zersetzungen. Die Luft der engen Stallungen ist ebenso von den Ausscheidungen der Thiere erfüllt, wie überfüllte Wohnräume von menschlichen Ausdünstungen; Sigerson fand bei einer Analyse der Stallluft in derselben eine grosse Menge Fragmente von Pferdehaaren, Partikelchen der Haut und Epithelien, auch verschiedene pilzartige Zellen und organische Stoffe in Menge. Von allen Stallungen in Verbindung mit den Wohnungen sind die der Schweine die bedenklichsten. Den Grund darf man zum Theil in den Fäcalstoffen der Schweine suchen, die von einer gemischten vegetabilischen und animalischen Nahrung leben. Um die Unzuträglichkeiten zu mässigen, verlangt die Gesundheitspflege Scheidung der Stallung vom Wohnhause und als obersten Grundsatz Reinlichkeit; die sorgfältigste Reinlichkeit ist eine zwingende Nothwendigkeit, wenn diese Unbilden der Wohnung ohne gesundheitliche Schädigung ertragen werden sollen. Von besonderem gesundheitlichen Einfluss sind auch die Düngergruben, deren Lage das Eindringen der Ausdünstungen in die Wohnung verhüten muss. Aber die Luftbeschaffenheit der Ställe ist auch von höchster Wichtigkeit für die Gesundheit des Viehes selbst. Die Untersuchungen von Schultze und Märcker in Göttingen haben die Nothwendigkeit der Ventilation der Viehställe dargethan und bewiesen, dass das, was Gesetz für den Menschen ist, auch auf das Vieh Anwendung findet. Auch in den Stallungen findet eine natürliche Ventilation statt, die nach dem Baumaterial verschieden ist. Aus den Untersuchungen von

Märcker geht hervor, dass Sandsteinmauern am wenigsten ventiliren, die Backsteinmauern sind durchlässiger, die ungebrannten Lehmsteinmauern ventiliren aber noch einmal so stark als die von Backstein. Die Hausthiere brauchen relativ weniger Luftwechsel als der Mensch und die Stallluft darf bis zu 3 per Mille Kohlensäure enthalten. Für ein Stück Grossvieh genügt 30 Cubikmeter Luft per Stunde. Die natürliche Ventilation der Ställe hängt nun ab von der ins Freie gehenden Wandfläche; das Minimum für ein Stück Grossvieh ist 10,6 Quadratmeter ventilirende Wandfläche einer Backsteinmauer und nur 5,9 Quadratmeter einer Lehmsteinmauer. Die Grösse der ventilirenden Wandfläche wirkt mehr als der Cubikinhalt. Es kann uns nun nicht Wunder nehmen, dass erfahrungsgemäss aus den dumpfigen, in eingeschlossenen Gebäulichkeiten liegenden Viehställen der dichtbewohnten Stadttheile so häufig an der Schwindsucht leidende Kühe zur Schlachtbank kommen. Die Bedeutung der Luftbeschaffenheit in den Ställen für den Gesundheitszustand und die Mortalität der Pferde hat sich auch bei den Cavalleriepferden gezeigt. In früherer Zeit starben in der französischen Armee 180—197 per 1000 per Jahr. Zehn Jahre später, nach Erhöhung des Luft-Cubus in den Ställen betrug die Mortalität 68, jetzt 85 per 1000. In England beträgt die jährliche Mortalität im Frieden 20 per Mille, in Preussen 15 per Mille. In der Norddeutschen Armee ist für das Pferd in Ställen ein Luftraum von 31—39 Cubikmeter bestimmt. Diese Beispiele genügen, die Bedeutung des Einflusses einer reichlichen reinen Luft für den Gesundheitszustand der Pferde darzuthun. Eine Infectionsquelle der Luft ist aber auch die Jauche, deren ammoniakalische Ausdünstungen das Holzwerk durchdringen. Reinlichkeit, sichere Ableitung der Jauche und Ersatz des Holzes durch Eisen sind als gesundheitliche Massregeln zu empfehlen.

Wenn in dem Privathause bei beschränkter Zahl der Bewohner die natürliche Ventilation, die Heizung, sowie eine regelmässige Lüftung und eine reinliche Behandlung des Hauses ausreichend wirken kann, um eine der Gesundheitspflege entsprechende Reinheit der Luft zu erhalten, so sind diese Mittel durchaus unzureichend in Localitäten, welche zu einem dauernden Verweilen einer grösserer Anzahl Menschen bestimmt sind. Jedermanns Erfahrung weiss, dass im Winter, auch bei Temperaturdifferenz, die natürliche Ventilation in Versammlungslocalen durchaus unwirksam ist, und dass in warmen Sommertagen, wo die natürliche Ventilation ganz fehlt, auch das Oeffnen der Fenster nicht ausreicht, um die menschliche Verdunstung auszugleichen. Hier, in allen den Fällen, wo es sich darum handelt, Räumen, die zu einem längeren Aufenthalte zahlreicher Personen dienen, eine genügende Menge reiner Luft zuzuführen, hält die Gesundheitspflege die Forderung eines regelmässigen Luftwechsels von bestimmter Grösse mit aller Entschiedenheit aufrecht. Im Winter ist die Zufuhr einer erwärmten reinen Luft zu verlangen, im Sommer, wo es sich auch darum handelt, die Wärmeproduction des menschlichen Körpers auszugleichen, die Zufuhr von kühler, reiner Luft. Das ist die Aufgabe der künstlichen Ventilation, für welche technische Vorrichtungen erforderlich sind, bei denen man die bewegende Kraft der Temperaturunterschiede oder der Maschinen mit mehr oder weniger Erfolg benutzt und unentbehrlich befunden hat. Es sei gestattet, die Nothwendigkeit dieser Forderung bei zwei für unser Leben einflussreichen Instituten zu motiviren, bei den Localen für dauernde Versammlungen, den Clublocalen verschiedener Gattung und bei den Schulen.

Die Versammlungslocale, die Clubs sind in unserem Zeitalter immer mehr ein Bedürfniss des heutigen Culturlebens geworden. Der Unterhaltung, der Belehrung, der Wissenschaft, den Berufsinteressen, der Politik gewidmet, bilden die Clubs für die verschiedenen Gesellschaftskreise den Mittelpunkt des geselligen Verkehrs und der Bildung. Ausgestattet mit reichem Comfort und Gelegenheit zu materiellen Genüssen suchen sie die materielle Befriedigung mit den Bedürfnissen des geistigen Lebens zu verbinden. Aber bei aller kostbarer Mobiliarausstattung fängt erst die neuere Zeit an, den Comfort des Locales auf die gute Luft auszudehnen. Die Forderung einer reinen Luft gehört aber nicht dem Luxus an, sondern ist als eine Lebensbedingung der zeitweiligen Bewohner aufzufassen. Es ist eine Forderung, gegen welche ökonomische Bedenken nicht zulässig sind, für welche der Aufwand an Geld seine Zinsen trägt in dem körperlichen und geistigen Wohlbefinden der Besucher. Nicht nur durch den Athmungsprocess und die Hautausdünstung einer grossen Zahl von Personen, durch die Verbrennungsproducte zahlreicher Gasflammen, sondern auch noch ebensoviel durch die Verbrennungsproducte des Tabaks bei dem allgemein üblichen Cigarrenrauchen wird die Luft der Locale verunreinigt. Organische und unorganische Gase, organische Molecüle und der Tabaksrauch werden in grosser Menge der Luft zugeführt. In der Atmosphäre der Raucher will Sigerson durch das Microscop zahlreiche Partikelchen nachgewiesen haben, die er für nicotinhaltig und wesentlich giftiger Natur ansieht. Dies sei dahin gestellt, aber die allgemeine Erfahrung erweist, dass die unreine Luft der Clublocale deren Annehmlichkeit in hohem Grade stört. Mit gutem Grunde empfiehlt desshalb die Gesundheitspflege eine reichliche Ventilation durch künstliche Mittel und die sachverständigen Forscher normiren den Luftbedarf auf 60 Cubikmeter per Kopf und Stunde.

Wenn in Clubs und zum Theil auch in Versammlungslocalen der Aufenthalt dem Belieben eines Jeden anheimgestellt bleibt, so ist der Schulbesuch für die Kinder dagegen ein Zwang. Die neuere Zeit weiss, dass durch den dauernden Aufenthalt der Kinder in dem beschränkten Raume der Schulzimmer ein hoher Grad von Luftverderbniss vor sich geht. Für das Maass der Verderbniss der Luft giebt der Gehalt der Luft an Kohlensäure den richtigsten Gradmesser ab. Zu der Kohlensäure, die wir messen können, steht die Verunreinigung durch materielle Molecüle in einem bestimmten Verhältnisse und wir schätzen diese nach der Höhe des Kohlensäure-Gehaltes der Luft. Beispielsweise sei erwähnt, dass Reck in den Schulklassen zu Braunschweig den Gehalt an Kohlensäure 4—5 per Mille gefunden, Baring im Gymnasium zu Lüneburg 2—4 per Mille und in der Volksschule sogar 12 per Mille nachgewiesen hat; Pettenkofer hat in Liebig's Hörsaal zu Anfang der Vorlesung 1,08 und zu Ende derselben, also nach einer Stunde, 3,22 per Mille gefunden und in einer Schulklasse 7 per Mille, Klencke in einer Knabenklasse 9,4 per Mille. Man kann annehmen, dass in der Luft der Schulzimmer durchschnittlich wenigstens 3—4 per Mille Kohlensäure vorhanden ist, also wenigstens 3—4mal so viel, als für zulässig erklärt wird. In dieser Verunreinigung der Luft erkennen wir eine der tief einwirkendsten Schädlichkeiten für die körperliche Gesundheit der Kinder. Die Kohlensäure beeinträchtigt die Blutbildung und die in der verbrauchten Klassen-Luft schwebenden organischen Molecüle müssen, wo der Luftwechsel fehlt, Krankheitskeime um so leichter übertragen. In dem Alter, wo der Körper seine Entwicklung durchmacht, von 8—10 Jahren, fällt bei dem Knaben auch die Entwicklung des geistigen Lebens, und bei dem weiblichen Geschlechte die Zeit, wo das Kind der Reife entgegengeht. Anstrengende Arbeiten erfordern in dem Schulleben ungetrübte, geistige und körperliche Kräfte. Diese für das Geistes- und Körperleben wichtige Zeitperiode erfordert eine umsichtige Gesundheitspflege. Die Zeit ist längst vorbei, wo die Schule am höchsten gewürdigt wurde, welche die gelehrtesten Schüler auszubilden verstand; man hat als ein höheres Ziel erkannt, den ganzen Menschen in Körper und Geist zur normalen Entwicklung zu führen. Dieses Ziel zu erreichen, ist die Gesundheitspflege in der Schule ein mächtiger Hebel. Das Hauptgewicht dieser Pflege fällt auf die Gewährung einer reinen guten Luft. Gegenwärtig ist die Gesundheitspflege in den Schulen der Hauptgegenstand aller Vereine, welche sich mit öffentlicher Gesundheitspflege beschäftigen. Aerzte und Pädagogen haben das Thema umfangreich bearbeitet, aber fragen wir, was haben die Rathschläge bisher gefruchtet, so muss die Antwort lauten: wir stehen noch überall in den Anfängen. Verkennen wollen wir jedoch nicht, dass in einzelnen öffentlichen Schulen durch Centralheizung mit erwärmter Luft für den Luftwechsel Lobenswerthes geleistet wird und dass auch unter den Privatschulen einige die Grundsätze der Schulgesundheitspflege auch in Bezug auf die Luft zu verwerthen suchen. Unter letzteren darf die neue Realschule des Herrn Debbe und die höhere Töchterschule des Herrn Janson genannt werden, welche mit einer Centralheizung nach Perkins Heisswasserheizung, den Zutritt reiner Luft von Aussen verbinden, während durch Abführungsrohre die Zimmerluft über das Dach geführt wird, eine Einrichtung, welche bei grösseren Temperatur-Differenzen zwischen der Aussenluft und der im Zimmer im Winter einen lebhaften Luftwechsel vermitteln kann, im Sommer aber für die Einführung einer kühlen reinen Luft kaum Etwas leisten wird. Eine Bedingung der Wirksamkeit technischer Vorrichtungen ist aber eine sachgemässe Handhabung derselben. In dieser Beziehung ergiebt die Erfahrung hin und wieder, dass von den Pädagogen in Praxi die Vorrichtungen nicht immer gewürdigt und nach Vorschrift gehandhabt werden. Im Allgemeinen dürfen sie annehmen, dass nicht bloss unsere staatlichen und Gemeindeschulen, sondern auch die Privatschulen in Bezug auf die Luft ähnliche Verhältnisse bieten, wie jene Schulen, von welchen die Untersuchungen der Forscher berichten. Die Luft wird überall von Kohlensäure und Menschendunst überaus reich sich erweisen. Zwar wissen wir über die hiesigen Schuleinrichtungen vom gesundheitlichen Standpunkte wenig. Es fehlt bei uns eine Controle durch sanitarische Sachverständige. Nur selten ist zu officiellen sanitarischen Untersuchungen Veranlassung gewesen. Wo diess der Fall war, sind ausser anderweitigen Unzuträglichkeiten grosse Ueberfüllung und schlechte Luft zu Tage gekommen. Von dem Standpunkte der sanitarischen Fürsorge oder der Sanitätspolizei, wie dieselbe officiell genannt wird, ist eine sanitarische Untersuchung sämmtlicher Schulen ein dringendes Bedürfniss, auch der Privatschulen. Wenn von dem Standpunkte des freien Gewerbebetriebes die Privatschulen die Unterterrichtskosten nach freiem Ermessen normiren können, so ist andererseits auch zu verlangen, dass nicht bloss nützliche Kenntnisse und Fertigkeiten den Kindern beigebracht werden, sondern dass auch Schulräume geboten werden, in deren Luft die körperliche Gesundheit der Kinder die nothwendige gesundheitliche Pflege finden kann. Nicht selten werden dem Arzte in dieser Beziehung Klagen zugetragen, deren Abstellung meist nicht in der Hand des Privatmanns liegt. Dem Verlangen nach Reformen in dieser Beziehung liegt die Entgegnung nahe, dass bei der raschen Zunahme der Bevölkerung der Städte, die Schulen überall an Ueberfüllung leiden werden. Gewiss, aber um so dringender, wird überall die Errichtung neuer Schulen zur Nothwendigkeit werden. Im Uebrigen ist das Bestehende nicht zu verwerfen, sondern wird meistens Verbesserung zulassen, theils durch bauliche Aenderungen, theils in der Art und Weise der Benutzung. Als solche deuten wir an, die Abführung der Verbrennungsproducte des Gaslichtes, das Anbringen von Lüftungsröhren für den Abzug der schlechten Zimmerluft, für deren Aspiration die Wärme des Gaslichtes benutzt werden kann. Wo die natürliche Ventilation durch Doppelfenster und einer Heizung durch einen Füllofen gehemmt wird (wie von einem Schulzimmer für kleine Kinder berichtet wird), lässt sich diese durch eine ventilirende Heizung ersetzen und das Doppelfenster entfernen. Die Ueberfüllung der Schulen zu beseitigen, bedarf es eines Reglements, welches für jedes Zimmer nach dem Cubik-Inhalt desselben die Zahl der Kinder normirt.

Der leitende Gesichtspunkt für Neubauten von Schulen geht dahin, die Luft in den Räumen in einem Grade der Reinheit zu erhalten, in welchem dieselbe für die gesundheitsgemässen Lebensvorgänge noch zulässig ist. In den Schulen sind zunächst die Fehler der Ueberfüllung zu vermeiden und durch Luftwechsel die Verunreinigungen unschädlich zu machen, welche durch die Respiration und die Perspiration, durch Heizung und Erleuchtung hervorgebracht werden. Pettenkofer betont mit Recht, der Mensch muss von reiner Luft genügend haben, so viel als man braucht. Wenn gleich die Grösse des für ein Individium bestimmten Luftcubus von grossem gesundheitlichen Interesse ist, und von derselben qualitativ und quantitativ der Luftwechsel abhängt, so findet doch der für Privathäuser von der Theorie geforderte Maasstab von 30—60 Cubikmeter in den Verhältnissen der Schule seine sehr beschränkte Gränze. Es ist nicht möglich, in den Schulzimmern einer grösseren Schülerzahl einen so grossen Luftraum zu gewähren. Dem entsprechend hat die Praxis sich auch mit geringeren Verhältnissen begnügt. In neueren Preussischen Schulen findet man den Luftcubus per Kopf zwischen 3,18 bis 6,44 Cubikmeter. Das gesundheitliche Programm für den Neubau der Hauptschule hat 300 Cubikfuss, also etwa 7 Cubikmeter verlangt und eine Quadratfläche von 11—16 Quadratfuss. Diese Verhältnisse können für eine gesundheitliche Beschaffenheit der Luft nur genügen, wenn eine künstliche Ventilation für eine regelmässige Lufterneuerung von bestimmter Grösse sorgt. Man hat vielfach die Grösse des Quantums Luft erwogen, dessen stündliche Einführung ein Schulkind bedarf. Vor zwanzig Jahren wurden 7—10 Cubikmeter für genügend gehalten, allein neuere Beobachtungen haben gelehrt, dass diese Luftzufuhr viel zu gering ist. Die sachverständigen Forscher Morin in Frankreich, Pettenkofer und Degen in Deutschland, Parkes in England sind sämmtlich zu dem Resultate gekommen, dass für kleine Kinder 12—15 Cubikmeter, für grössere junge Leute 25—30 Cubikmeter per Kopf stündlich für nothwendig zu erachten sei. Neuerdings hat Pinzger, Assistent der Polytechnischen Schule zu Aachen (Zeitschr. für Bauwesen XXII. Hft. 2—7) die Ventilationsfrage besprochen und durch algebraische Berechnungen zu bestimmen gesucht, wie viel Luft in einen geschlossenen bewohnten Raum in einer bestimmten Zeit eingeführt werden muss, damit die Ueberladung der Luft mit Kohlensäure verhütet werde. Die Resultate seiner Rechnungen kommen mit den Annahmen obengenannter Forscher ziemlich überein; nur für Volksschulen hält Pinzger 12—15 C.-Mtr. pro Kopf und Stunde für zu gering, weil die Kohlensäureausscheidung der Kinder nicht geringer ist, als die der Erwachsenen, eine Bemerkung, die sehr beachtenswerth ist. Ebenso verdient die durch Rechnung belegte Angabe Beachtung, dass es für das Maas der einzuführenden Luft nicht gleichgültig sei, ob die Luft eine niedere oder eine hohe Temperatur besitze, und dass man bei Ventilation mit gewärmter Luft andere Maasse zu Grunde legen müsse, als bei Ventilation mit ungewärmter Luft. Für Schulsäle wird für die Ventilation mit gewärmter Luft ein Maass von 25—30 Cubikmeter pro Kopf und Stunde verlangt, für eine Ventilation mit ungewärmter Luft im Sommer 20—25 Cubikmeter.

Für die Hauptschule ist eine Ventilation von 1000 Cubikfuss pro Kopf und Stunde gefordert, ohne dabei im Winter die Gasflammen in Rechnung zu ziehen, deren jede nach Pinzger pro Stunde einer Kohlensäure-Entwicklung von neun Personen gleichzuschätzen ist. Sie können aus Obigem entnehmen, dass mit diesem verlangten Quantum kaum der von der Wissenschaft und der Beobachtung aufgestellten Forderung genügt wird. Eine bestimmte Gewährung dieser Forderung darf man kaum anders erwarten, als von einer regelmässigen sich gleichbleibenden Kraft, wie sie die mechanische Triebkraft gewährt, die wir als Maschinenkraft kennen, welche sich genau berechnen und willkürlich vermehren lässt, und die Technik hat uns belehrt, dass eine Ventilation, welche diese Maschinenkraft zum Eintreiben der Luft in einem bestimmten Raum (Pulsion) gebraucht, wirksamer ist, als eine Ventilation, welche die Zugkraft der Wärme (Aspiration) benutzt. Für den Neubau der Schule ist zwar gegenwärtig die Ventilation der Schule durch eine Centralluftheizung (combinirte Wasser-Luftheizung) mit Aspiration der verbrauchten Luft durch Locköfen projectirt. Allein, welches Ventilations-System auch gewählt wird, immer muss es Aufgabe der Technik sein, die sanitarischen Forderungen vollkommen zu befriedigen und nicht dem System zu lieb willkürlich herabzusetzen. Es ist von der Technik bestimmt zu verlangen, dass die Leistungen in dem Luftwechsel der Räume im Winter wie im Sommer sicher sind und nachgewiesen werden, um das Bedenken zu widerlegen, dass wenn der Luftbedarf von 1000 Cubikfuss per Kopf und Stunde auch im Winter erreicht werde, eine gleichartige Lufterneuerung durch kühle Luft im Sommer ohne mechanische Ventilation in genügendem Grade schwerlich möglich sei. Auf den Trost der Oeffnung der Fenster im Sommer baue man nicht, und erinnere sich, dass Pettenkofer durch das Oeffnen eines Fensterflügels von 8 Quadratfuss Fläche nur 20 Cubikmeter Luft per Stunde erzielt hat; also ein ganzes Fenster würde nur für den Bedarf von 2 Knaben genügen können!

Und nun zum Schlusse lassen Sie mich die Aufgabe noch einmal betonen, welche ich mir gestellt habe: Der Zweck des heutigen Vortrages ging dahin, Sie aufmerksam zu machen auf die mannigfaltigen Quellen der Verunreinigung, welche in der atmosphärischen Luft vorkommen, sodann den Nachweis zu liefern, dass für zahlreiche Lebensstörungen der organischen Welt die atmosphärische Luft die allgemeine Vermittlerin abgiebt, und ferner darauf hinzuweisen, dass wir den aus den Verunreinigungen der Luft hervorgehenden und auch unsere Gesundheit und Leben bedrohenden Schädlichkeiten nicht die sorgsame Beachtung schenken, welche sie verdienen. Und weil wir doch nicht ganz hülflos den Gefahren gegenüber stehen, war die Andeutung der Mittel und Wege, welche die praktische Gesundheitspflege an die Hand giebt, das letzte Ziel. Sollte es gelungen sein, Sie von der Wichtigkeit der Bestrebungen der Gesundheitspflege zu überzeugen und Ihr Interesse für deren Aufgaben zu gewinnen, dann ist der Zweck, den ich beabsichtigt habe, erreicht.

Gedruckt bei E. Polz in Leipzig.

MEDICINISCHE WERKE

AUS DEM VERLAGE

VON

VEIT & COMP. IN LEIPZIG.

Für praktische Aerzte und Studirende.

Vorrede zur zweiten Auflage:

Das Lehrbuch der praktischen Medicin hat in der vorliegenden zweiten Auflage, deren Erscheinen leider durch den schon Monate dauernden Setzerstrike verzögert ist, selbstverständlich eine genaue Revision erfahren. Einzelne Abschnitte haben Zusätze erhalten, andere sind gänzlich umgearbeitet. Die Zusätze sind zum Theil mündlich oder brieflich dem Verfasser gegebene Mittheilungen unserer berühmtesten Kliniker und Beobachter und sage ich diesen Herren hiermit meinen wärmsten Dank; zum Theil Erörterungen wichtiger Fragen unserer Zeit wie der Abschnitt über die Behandlung der Pneumonia crouposa, über die Aetiologie des Typhus u. s. w., zum Theil endlich Beobachtungsresultate aus des Verfassers eigener Praxis z. B. die Ergebnisse der Curareanwendung bei Epilepsie u. s. w. Eine völlige Umarbeitung hat namentlich der Abschnitt über Morbus Brightii erhalten und vielleicht trägt derselbe etwas dazu bei, den jetzt herrschenden heillosen Wirrwarr dieses Themas zu lösen. Da und dort sind — immer cum grano salis — Krankengeschichten zur Illustration eingefügt. Weitere Veränderungen wird der Leser leicht selbst auffinden.

Und so hofft der Verfasser, dass sich auch die neue Auflage des Buches Freunde unter den Aerzten und Studirenden verschaffen werde.

Halle a. d. Saale, am 18. April 1873. **Der Verfasser.**

☞ Die wissenschaftliche Kritik und persönliche Zuschriften unserer bedeutendsten medicinischen Autoritäten an den Verfasser haben sich über die erste Auflage des Werkes durchweg sehr günstig ausgesprochen und gestatten wir uns einige der Recensionen nachstehend mitzutheilen:

Indem Vf. sein Lehrbuch Virchow gewidmet, hat er zugleich in Bezug auf die Bearbeitung desselben die leitenden Grundsätze präcisirt, und so finden wir denn auch die pathologische Anatomie und die Histologie der Krankheiten in eingehendster und gründlichster Weise gewürdigt, und zwar gestützt nicht allein auf Daten und Angaben Anderer, sondern auch auf eigene anatomische und mikroskopische Untersuchungen. Eine eigenthümliche und sehr empfehlenswerthe Seite dieses Lehrbuches ist die zwar spärliche, aber sorgsam ausgewählte Casuistik, welche in fast zu prolixer Weise von englischen und französischen Autoren, dagegen meist ganz und gar nicht von deutschen Autoren berücksichtigt wird. Nicht allein aber haben wir die Präcision und Genauigkeit anzuerkennen, mit welcher die Anatomie, Aetiologie und Symptomatik einer jeden Krankheit dargestellt werden, sondern ganz besonders heben wir auch die concise und praktische Weise hervor, mit welcher die Behandlung bei Vermeidung des Wustes verwirrender Heilmethoden kurz, bündig und belehrend gegeben wird; die Maasse und Gewichte sind durchweg nach dem neuen Decimalsysteme angeführt. Einzelheiten lassen sich schwer aus einem Lehrbuche der praktischen Medicin wiedergeben, aber aus dem Inhaltsverzeichnisse wird man schon erkennen, dass keine irgendwie wichtige und beachtenswerthe Krankheit, selbst in ihrer Erkennung der neuesten Zeit angehörend, unberücksichtigt geblieben ist. Der Vf. hat ein praktisches Buch für praktische Aerzte gegeben.....

Schmidt's Jahrb.

Das günstige Urtheil, welches wir nach dem 1. Theile über dieses Lehrbuch gefällt haben, können wir nach dem Erscheinen des Schlusses desselben in gleicher Weise dahin präcisiren, das wir durchgehends das gereifte Urtheil eines erfahrenen Praktikers, gestützt auf eigene Anschauungen und bereichert durch die Ergebnisse der genauesten und neuesten Untersuchungen anderer Forscher, vor uns haben. Mit besonderer Vorliebe und eingehender Kritik sind die Anschauungen über Nephritis scarlatinosa, über Typhus und typhöse Fieber, über die Scrofulose, die Syphilis, die Hautkrankheiten u. s. w. geklärt und gesichtet, so dass mehr oder weniger dem Leser ein klares, greifbares Bild statt früherer mehr oder weniger verschwommener Ansichten entgegentritt. Hier und da finden sich zur Illustration besonders interessante Beiträge aus der Casuistik, und die Therapie ist durchgehends möglichst präcise mit Uebergehung unnützen und verwirrenden Medikamenten-Wustes und fern von schädlichem Nihilismus skizzirt. Das Werk ist ersichtlich die Frucht langjährigen Fleisses und scharfer Beobachtung, es empfiehlt sich durchweg als eines der besten

der Natur gezeichnet und lithographirt von C. Schmiedel. Colorirt von F. A. Hauptvogel. Mit einem Holzschnitte im Text. Supplement zu des Verfassers „Topogr.-anat. Atlas". Zehn Tafeln Imp.-Folio mit 2 Bogen Text. In solider Mappe. Preis 15 Thlr.

Ein Schreiben des bekannten Anatomen Herrn Prof. Dr. Rüdinger in München an die Verlagshandlung lautet: Besten Dank für die gefällige Zusendung von Herrn Prof. Braune's Prachtarbeit über Foetus und Uterus. Leipzig darf stolz auf diese Arbeit sein!....

Die Oberschenkelvene des Menschen

in anatomischer und klinischer Beziehung. Von Dr. med. **Wilh. Braune**, ordentl. Professor an der Universität Leipzig. Mit 6 Tafeln in Farbendruck. Imperial-Quart. $4^1/_2$ Bogen. Cart. Preis 3 Thlr. 10 Sgr.

Als Verf. vor mehreren Jahren beim Demonstriren auf dem Präparirsaale die Beobachtung machte, dass gewisse Bewegungen der Extremitäten starke Blutungen aus den ausgeschnittenen Venen der Inguinal- und Schlüsselbeingegend veranlassten, kam er auf den Gedanken, ob nicht die Fascien in Verbindung mit den Muskeln und Knochen Saugapparate bilden könnten, welche die Venencirculation in gleicher Weise, beeinflussten, wie man dies bisher nur von dem Drucke der bei der Contraction anschwellenden Muskeln angenommen hatte. Durch eingehende diesbezügliche Untersuchungen constatirte auch Verf. Druck- und Saugapparate an den verschiedensten Stellen des menschlichen Körpers und in Uebereinstimmung damit eine so characteristische Anordnung der Venenstämme, dass es ihm später gelang, schon aus der Beschaffenheit und Lage der Venen mit ihren Klappen das Vorhandensein eines solchen Circulationsmechanismus zu erkennen.

In der Vorlage erörtert nun Verf. zunächst in klarer, anschaulicher Weise die Bedingungen unter denen die Circulation in der Oberschenkelvene des Menschen den oben erwähnten anatomischen Verhältnissen zufolge, in Bezug auf welche Verf. das gesammte Venensystem des menschlichen Körpers eingehenden Versuchen unterworfen hat, stattfindet. Die ganze Arbeit zerfällt in zwei Theile, den anatomischen und den klinischen Theil, von denen der erstere die qu. anatomisch-physiologischen Eigenschaften der Oberschenkelvene, der letztere die Verwerthung derselben für die operative Chirurgie, Gynaecologie und sonstige pathologische Verhältnisse an der Vene selbst enthält, und zwar unter sachgemässer Benutzung und Auswahl der einschlägigen klinischen Literatur. — Sechs musterhaft ausgeführte Tafeln in Farbendruck veranschaulichen die wichtigen, von Verf. constatirten anatomischen Verhältnisse.

Diese kurzen Andeutungen werden genügen, die in wissenschaftlicher, wie ganz besonders praktischer Beziehung hervorragende Bedeutung der obigen Arbeit, auf deren Inhalt wir noch zurückkommen werden, zu documentiren.

Med. Centralzeitung.

Galen's Lehre vom gesunden u. kranken Nervensysteme.

Von Dr. **Friedrich Falk**, pract. Arzt und Privat-Docent zu Berlin. gr. 8. Geh. $3^1/_2$ Bogen. Preis 12 Sgr.

Während die Literatur über Hippokrates und seine Schriften im Verlaufe der Jahrhunderte einen beträchtlichtlichen Umfang erlangt hat, ist Galen, so sehr auch seine Autorität bis in die Neuzeit anerkannt wurde, doch nicht der Gegenstand vieler Specialstudien gewesen. Der Verfasser hat sich bemüht, die durch die ganze Hinterlassenschaft zerstreuten Aufzeichnungen über Anatomie, Physiologie und Pathologie des Nervensystems, welche ein bevorzugtes Gebiet Galen'scher Forschungen gebildet haben, zu sammeln und zu sichten. Er weist nach, dass die vornehmlich durch emsige Vivisektionen gewonnenen Kenntnisse Galen's von dem

MIX
Papier | Fördert gute Waldnutzung
FSC® C083411

Zeitfracht Medien GmbH
Ferdinand-Jühlke-Straße 7
99095 Erfurt, Deutschland
produktsicherheit@kolibri360.de